从新手到高手　Search

U0304996

PS
Photoshop

ABOUT US　　SERVICES　　CONTACTS　　SUPPORT　　　　　SEARCH

Photoshop CC 2015

从新手到高手

Home
START MISSION

Company
WHO WE ARE

Services
WHAT WE DO

睢　丹　张书艳　编著

清华大学出版社
北　京

内容简介

本书结合笔者工作和学习中所遇到的问题，根据Photoshop知识点的难易程度编写而成。

全书共分14章，第1、2章是Photoshop的基础知识点，让读者了解Photoshop软件；第3～10章是深入的Photoshop知识，大量的工具和实例深入地显示了Photoshop软件的强大功能；第11和第12章重点介绍的是Photoshop的应用网页和动画方向，让读者对此有基础的认知和实践；第13章是Photoshop文件的输出，好的作品终需面世，正确的输出让作品更添魅力；第14章是综合案例，是对读者学习此书的综合考核，让读者了解现今Photoshop软件在各行业中的应用。每章安排数个典型案例对软件的具体操作加以更深刻的说明。

本书图文并茂，实例丰富，配套光盘中提供了大量的语音视频教程和实例素材图以及效果图。本书采用"理论+实例+高手训练营"的编写形式，兼具技术手册和应用技巧参考手册的特点。

本书不仅可以作为图像处理和平面设计初、中级读者的学习用书，也可以作为大中专院校相关专业及平面设计培训班的教材。

图书在版编目（CIP）数据

Photoshop CC 2015从新手到高手/睢丹,张书艳编著.— 北京：清华大学出版社，2016（2023.8重印）
（从新手到高手）
ISBN 978-7-302-44473-2

Ⅰ.①P… Ⅱ.①睢… ②张… Ⅲ.①图像处理软件 Ⅳ. ①TP391.41

中国版本图书馆CIP数据核字（2016）第171538号

责任编辑：冯志强 薛　阳
封面设计：杨玉芳
责任校对：胡伟民
责任印制：杨　艳
出版发行：清华大学出版社
　　　　　网　　址：http://www.tup.com.cn，http://www.wqbook.com.cn
　　　　　地　　址：北京清华大学学研大厦A座　　　邮　　编：100084
　　　　　社 总 机：010-83470000　　　　　　　　邮　　购：010-62786544
　　　　　投稿与读者服务：010-62776969，c-service@tup.tsinghua.edu.cn
　　　　　质量反馈：010-62772015，zhiliang@tup.tsinghua.edu.cn
印 装 者：涿州汇美亿浓印刷有限公司
经　　销：全国新华书店
开　　本：190mm×260mm　　　　　印　　张：17.5　　　　　字　　数：505千字
　　　　　附光盘1张
版　　次：2016年10月第1版　　　　　印　　次：2023年8月第7次印刷
定　　价：69.80元

产品编号：067072-01

前 言 Preface

  Photoshop是业界公认的图形图像处理专家，也是全球性的专业图像编辑行业标准。Photoshop是Adobe公司最新版的图像编辑软件，它提供了高效的图像编辑和处理功能、更人性化的操作界面，深受美术设计人员的青睐。Photoshop集图像设计、合成以及高品质输出等功能于一身，广泛应用于平面设计和网页美工、数码照片后期处理、建筑效果后期处理等诸多领域。

1．本书内容

  本书完整介绍了Photoshop中的工具、面板、命令，并结合实际应用制作出理想的实例效果。本书共分为14章，内容概括如下。

  第1章主要讲述Photoshop的工作环境、特色功能和新增功能，以及制作图像所需要具备的图像理论知识，为编辑和处理高级图像做好基础。

  第2～3章介绍Photoshop的基本操作功能，主要讲解Photoshop的选取功能，使用户能够对图像或图像中的图形进行快速选取。

  第4～5章介绍绘制图像与修复图像方面的知识，特别是画笔工具的设置与应用，以及与之相关的各种修饰工具。并分别介绍如何使用颜色调整命令对图像进行整体色调的改变，以及校正单个颜色的方法，以对图像颜色进行细微的调整。

  第6章通过介绍Photoshop中创建文本的各种功能和命令，详细讲解创建和编辑文本、段落及更改文字外观等操作方法，使读者能够在短期内熟练掌握文字的使用方法与设计技巧。

  第7～8章主要讲解Photoshop的图层，以及与图层相关的混合模式和图层样式及深入的图层技巧。通过这些知识的学习，可以制作复杂的图像特效。

  第9章主要介绍通道、蒙版的运用方法和使用技巧，并使用这些工具和命令进行高级图像处理。

  第10章主要介绍使用Photoshop中各种滤镜命令，为图像添加特殊效果的方法和技巧。

  第11章主要讲解在Photoshop中创建动画的方法和技巧，并介绍对视频动画的编辑和再加工。

  第12章介绍如何在Photoshop中创建和编辑网页元素。

  第13章介绍在Photoshop中针对不同应用输出图像的知识，以及输出图像中用到的模式转换知识。

  第14章安排了4个综合实例，综合Photoshop中的各种功能列举了不同应用领域中的实例，使读者灵活掌握并运用所学知识。

2．本书特色

- **全面系统**，**专业品质**。本书介绍Photoshop软件应用的全部命令和工具，涉及Photoshop应用的各个领域，书中实例经典、创意独特、效果精美。
- **版式美观**，**图文并茂**。版式风格活泼、紧凑美观；图解和图注内容丰富，抓图清晰考究。

- **虚实结合，超值实用**。知识点根据实际应用安排，重点和难点突出，对于主要理论和技术的剖析具有足够的深度和广度。并且在每章的最后安排了高手答疑，针对用户经常遇到的问题逐一进行解答。

- **书盘结合，相得益彰**。随书配有大量DVD光盘，提供多媒体语音视频讲解，以及全套素材图、效果图和图层模板。书中内容与配套光盘紧密结合，读者可以通过交互方式，循序渐进地学习。

3. 读者对象

　　本书针对Photoshop用户在学习过程中遇到的问题，深入剖析了Photoshop图像处理的原理和方法。本书创意独特，内容丰富，适合平面设计、网页设计等领域的读者参考学习，无论是从事平面设计的专业人员，还是对Photoshop有浓厚兴趣的爱好者，都可以通过阅读本书迅速提高自己的Photoshop应用水平。

　　参与本书编写的除了封面署名人员外，还有李敏杰、郑国强、余慧枫、吕单单、郑国栋、隋晓莹、郑家祥、王红梅、张伟、刘文渊等人。由于时间仓促，水平有限，疏漏之处在所难免，欢迎读者朋友登录清华大学出版社的网站www.tup.com.cn与我们联系，帮助我们改进提高。

作者

2015年10月

第1章　初识 Photoshop

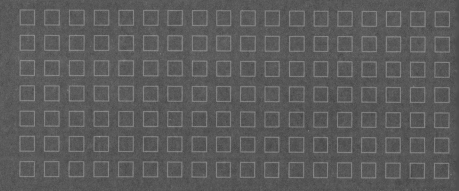

　　Photoshop软件是Adobe公司推出的Photoshop软件的升级版，是一款功能十分强大、使用范围广泛的平面图像处理软件。Photoshop为设计工作者提供了一个广阔的表现空间，使许多不可能实现的效果变成了现实。它具有强大的图像编辑、制作、处理功能，操作简便实用，备受各行各业的青睐，广泛应用于平面设计、广告摄影、建筑效果图处理、网页设计、动画制作等领域。

　　本章主要介绍了Photoshop软件的工作环境，以及基本功能、在多领域中的应用、新增功能和图像理论的基础知识，为读者学习和应用Photoshop软件打下扎实的基础。

Photoshop

1.1 了解Photoshop软件

对Photoshop软件进行初步的了解是我们学习和应用Photoshop的前提，本节简单介绍了本软件的工作界面、基本功能及应用领域，还有新增功能，让我们对Photoshop软件有一个大致的印象，为后续的系统学习打下坚实的基础。

1.1.1 Photoshop的工作界面

在开始使用Photoshop处理和绘制图像之前，首先要了解该软件的界面构成，以帮助用户快速地进行操作。启动Photoshop，将显示Photoshop的操作界面，该软件的窗口由菜单栏、选项栏、工具箱、图像编辑窗口和控制面板组成，如图1-1所示。

图1-1　Photoshop的操作界面

Photoshop CC 2015与Photoshop CS6相同，在工具箱与面板布局上引入了全新的可伸缩的组合方式，使编辑操作更加方便、快捷。下面对界面各部分组成进行简要的描述。

1．菜单 ⟫⟫⟫⟫

Photoshop的菜单栏选项可以执行大部分的操作。它包括11个菜单，分别是文件、编辑、图像、图层、文字、选择、滤镜、3D、视图、窗口和帮助。

2．工具箱 ⟫⟫⟫⟫

工具箱中列出了Photoshop常用的工具，单击工具按钮或者选择工具快捷键即可使用这些工具。对于存在子工具的工具组（在工具右下角有一个小三角标志，说明该工具中有子工具）来说，只要在图标上右击或按住鼠标左键不放，就可以显示出该工具组中的所有工具。

3．选项栏 ⟫⟫⟫⟫

选项栏用于设置工具箱中当前工具的参数。不同的工具所对应的选项栏也有所不同，如图1-2所示。

图1-2　选项栏参数

4．控制面板 ⟫⟫⟫⟫

Photoshop中的控制面板综合了Photoshop编辑图像时最常用的命令和功能，以按钮和快捷键菜单的形式集合在控制面板中。在Photoshop中，所有控制面板以图标形式显示在界面右侧，并且将其分为8个面板组。

1.1.2 Photoshop基本功能

Photoshop几乎支持所有的图像格式和色彩模式，它可以同时对多个图像做各种变换，如放大、缩小、旋转、倾斜、镜像、透视等，也可进行复制、去除斑点、修补、修饰图像的残损等编辑，还可以将几幅图像通过多个图层操作进行修饰处理，它的绘画和制作功能可以用来制作虚幻的人物和背景。

1. 图层功能 ▶▶▶▶

Photoshop的图层管理为图像制作提供了极大的方便，对于不同的元素，用户可以将其分配到不同的图层中，这样对单个元素进行修改时不会影响到其他元素，如图1-3所示。

图1-3 图层面板

2. 颜色调整功能 ▶▶▶▶

Photoshop中的各种颜色调整命令，可以根据不同的要求，或者设置色彩命令中的不同选项，调整不同效果的图像，比如将一幅图像的色调转换为另一种色调，或者局部更改颜色等，如图1-4所示。

图1-4 调整图像颜色

3. 变形功能 ▶▶▶▶

使用【自由变换】命令，可以将图像按固定方向进行翻转和旋转，也可以按不同角度进行旋转，或者对图像进行拉伸、倾斜与自由变形等处理，如图1-5所示。

图1-5 图像变形

4. 特效功能 ▶▶▶▶

在该软件中可以轻松地创建出各种丰富的视觉特效图像，它们主要由滤镜、通道及其他工具综合应用完成。图像的特效创意和特效字的制作，都可通过在Photoshop中创建特效完成，如图1-6所示。

图1-6 特效图像

1.1.3 Photoshop在多领域中的应用

Photoshop以其强大的位图编辑功能、灵活的操作界面、开发式的结构，早已渗透到图像设计的各个领域，例如广告设计、建筑装潢、数码影像、网页美工和婚纱摄影等诸多行业，并且已经成为这些行业中不可或缺的一个组成部分。

1．广告设计 》》》》

无论是平面广告、包装装潢，还是印刷制版，自从Photoshop诞生之日起，就引发了这些行业的技术革命。Photoshop中丰富而强大的功能，使设计师的各种奇思妙想得以实现，使工作人员从繁琐的手工拼贴操作中解放出来，如图1-7所示。

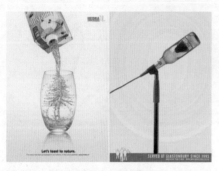

图1-7　广告图像

2．数码照片处理 》》》》

运用Photoshop可以针对照片问题进行修饰和美化。它可以修复旧照片，如边角缺损、裂痕、印刷网纹等，使照片恢复原来的面貌；或者是美化照片中的人物，例如去斑、去皱、改善肤色等，使人物更完美，如图1-8所示。

图1-8　图像处理

3．网页创作 》》》》

随着互联网技术的飞速发展，上网冲浪、查阅资料、在线咨询或者学习，已经成为人们生活的习惯和需要。而优秀的网站设计、精美的网页动画、恰当的色彩搭配，能够带来更好的视听享受，给浏览者留下难忘的印象，如图1-9所示。

图1-9　网页图像

4．插画绘制 》》》》

插画作为现代设计的一种重要的视觉传达形式，以其直观的形象性、真实的生活感和美的感染力，在现代设计中占有特定的地位，并且许多表现技法都借鉴了绘画艺术的表现技法，如图1-10所示。

图1-10　插画图像

5．界面设计 》》》》

界面设计是人与机器之间传递和交换信息的媒介，而软件用户界面是指软件用于和用户交流的外观、部件和程序等。软件界面的设计，既要从外观上进行创意以到达吸引眼球的目的，还要结合图形和版面设计的相关原理，这样才能给人带来意外的惊喜和视觉的冲击，如图1-11所示。

图1-11　界面图像

1.1.4　Photoshop新增功能

在Photoshop中，除了常用的基本功能外，还增加了一系列的新功能。该软件从画板改变，设备预览和Preview CC伴侣应用程序，模糊画廊/恢复模糊区域中的杂色，Adobe Stock，设计空间（预览），Creative Cloud库，导出画板、图层以及更多内容，【字形】面板等方面使操作更加实用、简单、方便。

1．画板改变 ▶▶▶▶

在Photoshop中新增的画板为客户提供了一个无限画布，可以在此画布上布置适合不同设备和屏幕的设计，这有助于简化设计流程。创建画板时，可以从各种不同的预设大小中选择，或自定义画板大小，如图1-12所示。

图1-12　画板图像

2．设备预览和Preview CC伴侣应用程序 ▶▶▶▶

通过Photoshop中新增的设备预览功能及Adobe Preview CC移动应用程序，可以获取客户的Photoshop设计在多个iOS设备上的实时预览。客户在Photoshop中进行的更改会实时地显示在Preview CC中。可以通过USB或WiFi，将多个iOS设备可靠地连接到Photoshop。

如果客户的文档有多个画板，"设备预览"会将画板的大小和位置与连接设备的大小匹配，以尝试显示正确的画板。还可以使用导航栏在设备上预览特定的画板，或按照画板在Photoshop图层面板中列出的顺序轻扫这些画板。

3．模糊画廊／恢复模糊区域中的杂色 ▶▶▶▶

有时候，在应用了模糊画廊效果之后，图像的模糊区域看起来像是合成的或不太自然。现在可以恢复这类模糊图像区域中的杂色／颗粒，以使其外观更加逼真，如图1-13所示。

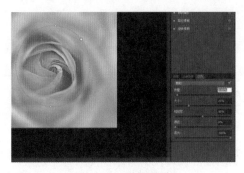

图1-13　模糊画廊

4．Adobe Stock ▶▶▶▶

Adobe Stock是一项新服务，上面售卖有数百万张高品质、免版税的照片、插图和图形。客户可以从Photoshop内部直接搜索Adobe Stock内容。在Photoshop中，选择【文件】|【搜索Adobe Stock】，如图1-14所示。

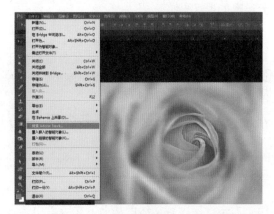

图1-14　搜索 Adobe Stock

Adobe Stock还与Creative Cloud库深度集成。现在可以直接通过Adobe Stock网站，将有水印的库存图像添加到任何库。随后可以在Photoshop文档中使用这些有水印的图像，以作为与库链接的智能对象。选择为该图像授权（可直接通过【库】面板执行此操作）时，公开文档中该水印资源的所有实例都将更新为高分辨率的授权图像。

5．设计空间（预览）▶▶▶▶

设计空间（预览）旨在成为Photoshop内的现代设计体验，并整合网页、用户体验和移动应用程序设计人员的要求。此版本为技术预览版，是在这个新方向提供的早期Alpha版本。目前还比较粗糙，而且功能有限。要启用设计空间（预览），选择【首选项】|【技术预览】，然后选择【启用设计空间（预览）】。

6．Creative Cloud库 ▶▶▶▶

1）与库链接的智能对象

在使用来自【库】面板中的图形时，会创建一个与库链接的智能对象。该智能对象的行为方式与本地链接的智能对象极为相似，而且它还有个好处，那就是资源是位于云端的。此外，在客户从智能对象创建新的库图形时，相应的图层会被转换为与库链接的智能对象。

2）Adobe Stock与库集成

客户现在可以直接通过Adobe Stock网站，将有水印的库存图像添加到任何库。随后可以在Photoshop文档中使用这些有水印的图像，作为与库链接的智能对象。选择为该图像授权（可直接通过【库】面板执行此操作）时，公开文档中该水印资源的所有实例都将更新为高分辨率的授权图像。

3）性能改进

现在，库与Photoshop集成可减少磁盘使用量、提高宽带利用效率，并加快Creative Cloud应用程序之间的库更改应用。

7．导出画板、图层以及更多内容 ▶▶▶▶

客户现在可以将画板、图层、图层组或Photoshop文档导出为JPEG、GIF、PNG、PNG-8或SVG图像资源。

在【图层】面板中选择画板、图层和图层组，右击选定内容，然后从上下文菜单中选择以下选项之一：
（1）快速导出为PNG；
（2）导出为。

要导出当前的Photoshop文档或其中的所有画板，选择【文件】|【导出为PNG】或【文件】|【导出】|【导出为】，如图1-15所示。

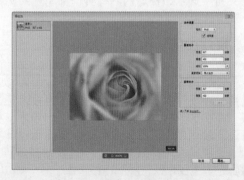

图1-15　【导出为】对话框

8．【字形】面板 ▶▶▶▶

Photoshop现在有一个新的面板，可以让客户更有效地处理字形。

执行以下操作之一以访问【字形】面板：选择【文字】|【面板】|【字形面板】或选择【窗口】|【字形】，如图1-16所示。

图1-16　【字形】面板

9．版本中变化的内容 ▶▶▶▶

（1）"实验性功能"现在叫做"技术预览"。有关详细信息，请参阅技术预览。

（2）【文件】|【存储为Web所用格式】选项已被移至【文件】|【导出】|【存储为Web所用格式（旧版）】。

（3）以下选项现已移至【文件】|【导出】子菜单：

① 将图层导出到文件；

② 将图层复合导出到PDF；

③ 将图层复合导出到文件。

（4）在此版本中，抽出资源功能已被更为直观的选项所取代，这些选项可用于将画板、图层、图层组和文档导出为图像资源。请参阅导出画板、图层以及更多内容，以了解有关这些最新导出选项的信息。

默认情况下不再安装Digimarc增效工具。可以选择从 http://www.digimarc.com/products/guardian/images/photoshop-plug-in 直接安装它。

1.2 图像基础知识

Photoshop软件是一款针对图形图像进行创建及处理的专业软件，那么，对图像的了解是必不可少的，丰富的图像基础知识是我们创作优秀作品的前提。本节主要讲述了图像理论、颜色理论和平面构成三项内容。

1.2.1 图像理论

图像记录的方式包括两种：一种是通过数学方法记录图像内容，即矢量图；一种是用像素点阵方法记录，即位图。

1. 矢量图形 ▶▶▶▶

用矢量方法绘制出来的图形叫做矢量图形。矢量图是以线条和色块为主，移动直线、调整其大小或更改其颜色时不会降低图形的品质，如图1-17所示。

2. 位图图像 ▶▶▶▶

位图图像是由许多很小的点组成的，这些点称为像素，如图1-18所示。

图1-17 矢量图形

图1-18 位图图像

3. 图像格式 ▶▶▶▶

Photoshop支持很多高质量的图像格式，包括20多种文件格式，如表1-1所示。

表1-1 Photoshop支持的图像格式

文件格式	后缀名	应用说明
PSD	.psd	该格式是Photoshop自身默认生成的图像格式，PSD文件自动保留图像编辑的所有数据信息和图层，便于进一步修改
TIFF	.tif	TIFF格式是一种应用非常广泛的无损压缩图像格式，TIFF格式支持RGB、CMYK和灰度三种颜色模式，还支持使用通道、图层和裁切路径的功能
BMP	.bmp	BMP图像文件是一种Windows标准的点阵图形文件格式，这种格式的特点是包含的图像信息较丰富、几乎不进行压缩，但占用磁盘空间较大
JPEG	.jpg	JPEG是目前所有格式中压缩率最高的格式，普遍用于图像显示和一些超文本文档中
GIF	.gif	GIF格式是CompuServe提供的一种图形格式，只保存最多256色的RGB色阶数，还可以支持透明背景及动画格式
PNG	.png	PNG是一种新兴的网络图形格式，采用无损压缩的方式，与JPEG格式类似，网页中有很多图片都是这种格式的，压缩比高于GIF，支持图像半透明

文件格式	后缀名	应用说明
RAW	.raw	RAW是拍摄时从影像传感器得到的信号转换后，不经过其他处理而直接存储的影像文件格式
PDF	.pdf	PDF格式是应用于多个系统平台的一种电子出版物软件的文档格式
EPS	.eps	EPS是一种包含位图和矢量图的混合图像格式，主要用于矢量图像和光栅图像的存储
3D文件	.3ds	Photoshop支持由3D MAX创建的三维模型文件，在Photoshop中可以保留三维模型文件的特点，并可对模型的纹理、渲染角度或位置进行调整
视频文件	AVI	Photoshop可以编辑QuickTime视频格式的文件，如MPEG-1、MPEG-4、MOV、AVI

1.2.2 颜色理论

色彩的美感能提供给人精神、心理方面的享受，人们都按照自己的偏好与习惯去选择乐于接受的色彩，以满足各方面的需求。正确地运用色彩，能够完整地、成功地表达它的信息。

1. 色彩秩序 >>>>

色彩可分为无彩色和有彩色两大类，前者如黑、白、灰，后者如红、绿、蓝等。自然界的色彩虽然各不相同，但任何有彩色的色彩都具有色相、明度、纯度这三个基本属性，它们也称为色彩的三要素。

1）无彩色系

无彩色系包括白色、黑色或由白色与黑色互相调和形成的各种不同浓淡层次的灰色。如果将这些白色、黑色以及各种灰色按上白下黑成渐变规律地排列起来，可形成自白色依次过渡到浅灰色、浅中灰色、中灰色、中深灰色、深灰色直至黑色的一个秩序系列。色彩学上称此秩序系列为黑白度系列。

黑白度又可称为明暗度，或简称明度。故黑白度系列又称为明度系列。明度系列通常可有8~11个级差，也可根据需要做到18个级差，各级差度相等，形成等差系列，如图1-19所示。

图1-19 黑色照片

2）有彩色系

有彩色系又简称彩色系，它是指除彩色系以外的所有不同的明暗、不同纯杂、不同色相的颜色。这样明暗、纯杂和色相就成了有彩色系的三个最基本的特征。在色彩学上，这三个基本特征又称为色彩的三要素。认识色彩的三要素对于我们学习色彩、表现色彩、运用色彩都极为重要。

色相是指色的相貌，这个相貌是依据可见波的波长来决定的。波长给人眼的感觉不同，就会有不同的色相，最基本的色相是太阳光通过三棱镜分解出来的红、橙、黄、绿、蓝、紫这6个光谱色，如图1-20所示。

图1-20 色相

明度是指颜色的明暗程度，或颜色的深浅程度、颜色的含白含黑程度、颜色的亮暗程度等。在有彩色系中，各种颜色都有各自不同的明度，例如，将太阳光经过三棱镜分解出来的红、橙、黄、绿、蓝、紫放在一起作比较，其中黄色明度最高，橙色次之，绿色为中间明度，蓝色为较低明度，红色和紫色为最低明度，如图1-21所示。

 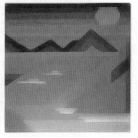

(a)   (b)

图1-21 明度照片

注意

在无彩色系中，明度是主要特征，如在某色中加入一定量的白色，可提高该色的反射率，即提高明度；如要某色中加入一定量的黑色，可降低该色的反射率，即降低明度。

纯度是指某色相纯色的含有程度或光的波长单纯的程度。也有人称之为饱和度、鲜艳度、鲜度、艳度、彩度、含灰度等。纯度取决于该色中含色成分和消色成分（黑、白、灰）的比例，含色成分越大，纯度越大；消色成分越大，饱和度越小，也就是说，向任何一种色彩中加入黑、白、灰都会降低它的纯度，加的越多就降的越低，如图1-22所示。

图1-22 纯度照片

2. 色彩心理 ▶▶▶▶

色彩对人的头脑和精神的影响力是客观存在的。不同的颜色会给人不同的心理感受，但是同一种颜色通常不只包含一个象征意义。

1) 颜色的共同性心理含义

由于人类个体的差异性，每个人对色彩的心理感受也会产生差异性，并且以人的年龄、性别、经历、民族、宗教、环境等不同而得到各种不同的感受。但我们还是能够找到大多数人所能接受的色彩心理感受方面的共同象征意义和表情特征，如表1-2所示。

表1-2 颜色心理含义

色彩	积极的含义	消极的含义
红色	热情、亢奋、激烈、喜庆、革命、吉利、兴隆、爱情、火热、活力	危险、痛苦、紧张、屠杀、残酷、事故、战争、爆炸、亏空
橙色	成熟、生命、永恒、华贵、热情、富丽、活跃、辉煌、兴奋、温暖	暴躁、不安、欺诈、嫉妒
黄色	光明、兴奋、明朗、活泼、丰收、愉悦、财富	病痛、胆怯、骄傲、下流
绿色	自然、和平、生命、青春、安全、宁静、希望	心酸、失控
蓝色	久远、平静、安宁、沉着、纯洁、透明、独立	寒冷、伤感、孤漠、冷酷
紫色	高贵、久远、神秘、豪华、生命、温柔、爱情、端庄、俏丽、娇艳	悲哀、忧郁、痛苦、毒害、荒淫
黑色	庄重、深沉、高级、幽静、深刻、厚实、稳定	悲哀、肮脏、恐怖、沉重
白色	纯洁、干净、明亮、轻松、卫生、凉爽、淡雅	恐怖、冷峻、单薄、孤独
灰色	高雅、沉着、平和、平衡、连贯、联系、过渡	凄凉、空虚、抑郁、暧昧、乏味、沉闷
金银色	华丽、富裕、高级、贵重	贪婪、俗气

2）颜色的个体性心理含义

虽然大多数人在色彩心理方面存在着共同性，对色彩有着共同的情感反应，但我们又必须认识到人的色彩心理方面存在着个体差异性及对色彩的不同情感反应，甚至同一个人在不同的时间、地点、环境和情绪下对同一种颜色的感受也会有一定差异和不同的情感反应。

例如，经常生活在海边的人看到蓝色时，可能会联想到天空、大海而豁然心胸开阔；而对于在冰天雪地中遇难的人来说，可能会联想到刺骨冰雪而产生寒冷孤独的感觉，如图1-23所示。

　　　(a)　　　　　　　　　(b)

图1-23　色彩心理

1.2.3　平面构成

平面构成主要是运用点、线、面和律动组成严谨结构，富有极强的抽象性和形式感。点、线、面三者在造型的形式上，是构成一个完整的画面必不可少的要素。

1. 分割构成 ▶▶▶▶

在平面构成中，把整体分成部分，叫做分割。在日常生活中这种现象随时可见，如房屋的吊顶、地板都构成了分割。等形分割与比例分割是分割构成的两种方式，前者是把画面分割成完全相等的几部分；后者是利用分割的比例关系来追求画面的一种有秩序的变化，如图1-24所示。

图1-24　分割

2. 对称构成 ▶▶▶▶

对称具有较强的秩序感，可是仅仅居于上下、左右或者反射等几种对称形式，便会产生单调乏味。所以，在设计中要在几种基本形式的基础上，灵活加以应用，如图1-25所示。

图1-25　对称

3. 重复构成 ▶▶▶▶

重复是指同一画面上，同样的造型重复出现的构成方式，重复无疑会加深印象，使主题得以强化，也是最富秩序的统一观感的手法，如图1-26所示。

图1-26　重复

4. 发射构成 ▶▶▶▶

发射的现象在自然界中广泛存在，太阳的光芒、盛开的花朵等形成发射图形。可以说发射是一种特殊的重复和渐变，其基本形和骨骼线均环绕着一个或者几个相同的中心，如图1-27所示。

图1-27　发射

> **提示**
>
> 发射图案具有多方的对称性，有非常强烈的焦点，而焦点易于形成视觉中心，发射能产生视觉的光效应，使所有形象犹如光芒从中心向四面散射。

第2章　图像的基础操作

掌握图像的基本操作是使用Photoshop进行创作的基础，而Photoshop软件具有强大的图像处理功能，随着软件版本的不断升级，其功能更加完善丰富。但是初学者在掌握这些技能之前，首先要熟悉并掌握Photoshop的基本操作，才能够得心应手地绘制或者编辑图像。

本章主要讲述了如何设置图像的颜色及大小，变换、裁剪、复制和删除图像，用Bridge浏览与管理图像等，将就Photoshop中的基本操作展开全面的讲解，让初学者尽快掌握图像的基础操作，进入创作阶段。

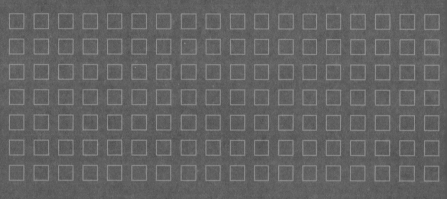

Photoshop

2.1 设置图像的颜色及大小

Photoshop图像设计的开端就是对图像的颜色及大小的设置，只有奠定最扎实的基础，才能进行更深入的创作。

2.1.1 设置图像的颜色选取

在Photoshop中进行图像设计时，最关键的步骤是调整图像的颜色。在Photoshop中既可以独立设置颜色，也可以在打开的图像文档中选取任何所需的颜色。

1. 前景色和背景色 >>>>

在Photoshop中可以通过多种途径设置想要的颜色，但是所有设置的颜色均会存储在工具箱中的前景色或者背景色中，因为Photoshop工具箱中的前景色/背景色就是用来存储设置的颜色的，如图2-1所示。

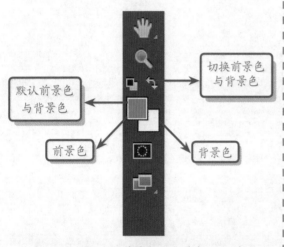

图2-1　前景色及背景色

2. 拾色器对话框 >>>>

在默认情况下，工具箱中的前景色与背景色为黑色和白色。要想更改默认颜色，只需要单击相应的色块，即可打开相应的【拾色器】对话框，如图2-2所示。

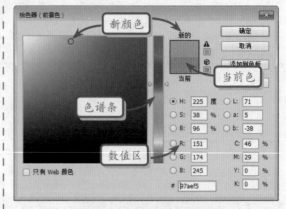

图2-2　【拾色器】对话框

在【拾色器】对话框中选取颜色非常简单，只要在色谱条中选择某个色相，然后在颜色预览区域中单击即可，如图2-3所示。

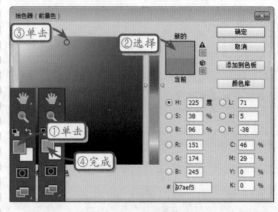

图2-3　更换前景色

在默认情况下，【拾色器】对话框中是以HSB模式来选取颜色的，启用S选项可在色域中显示所有色相，它们的最大亮度位于色域的顶部，最小亮度位于底部；启用B选项可在色域中显示所有色相，它们的最大饱和度位于色域的顶部，最小饱和度位于底部，如图2-4所示。

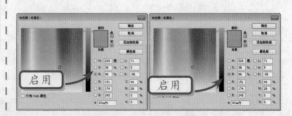

图2-4　选取颜色

网页安全颜色是指在不同硬件环境、不同操作系统、不同浏览器中都能够正常显示的颜色集合，如图2-5所示。

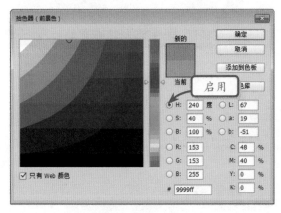

图2-5　网页安全颜色

2.1.2　设置图像大小

图像的尺寸和分辨率对于设计者来说尤为重要。无论是打印输出或在屏幕上显示的图像，制作时都需要设置图像的尺寸和分辨率，这样才能按要求进行创作。

1．【图像大小】对话框 》》》》

无论是改变图像分辨率、尺寸还是像素大小，都需要使用【图像大小】对话框来完成。执行【图像】|【图像大小】命令（快捷键Ctrl+Alt+I），如图2-6所示。

图2-6　【图像大小】对话框

通过该对话框，可以重新设置图像的像素大小和文档大小、将图像的尺寸放大或缩小，以及改变图像的分辨率。

◆ **像素大小**

用于显示图像【宽度】和【高度】的像素值，在文本框中可以直接输入数值进行设置，如果在其右侧的列表框中选择【百分比】选项，即以占原图的百分比为单位显示图像的【宽度】和【高度】。

◆ **文档大小**

用于设置更改图像的【宽度】、【高度】和【分辨率】，可以在文本框中直接输入数值更改，其右侧的列表框中可以设置单位。

◆ **分辨率**

可以在该文本框中直接输入数值更改，其右侧列表框可设置单位。

◆ **缩放样式**

在调整图像大小时，按比例缩放效果。

◆ **约束比例**

启用该复选框时可以约束图像【高度】与【宽度】的比例，即改变【宽度】的同时【高度】也随之改变。当禁用该复选框后，【宽度】和【高度】后面的链接图标将会消失，表示改变任一项数值都不会影响另一项。

◆ **重定图像像素**

禁用该复选框时，图像像素固定不变，而可以改变尺寸和分辨率；启用该复选框时，改变图像尺寸和分辨率，图像像素数值会随之改变。在此复选框右侧有一个下拉列表框，其中包含5种重定像素的方式。

☑ **领近**：*该选项是一种速度快但精度低的图像像素模拟方法。该方法用于包含未消除锯齿边缘的插图，以保留硬边缘并生成较小的文件。但是，该方法可能产生锯齿状效果，在对图像进行扭曲、缩放时或在某个选区上执行多次操作时，这种效果会变得非常明显。*

☑ **两次线性**：*该选项是一种通过平均周围像素颜色值来添加像素的方法。该方法可生成中等品质的图像。*

☑ **两次立方**：*该选项是一种将周围像素值分析作为依据的方法，速度较慢，但精度较高。【两次立方】使用更复杂的计算，产生的色调渐变比【邻近】或【两次线性】更为平滑。*

☑ **两次立方（较平滑）**：*该选项是一种基于两次立方插值且旨在产生更平滑效果的有效图像放大方法。*

☑ **两次立方（较锐利）**：*该选项是一种基于两次立方插值且具有增强锐化效果的*

有效图像减小方法。此方法在重新取样后的图像中保留细节。如果使用【两次立方（较锐利）】会使图像中某些区域的锐化程度过高。

在【图像大小】对话框中单击【调整为】选项中的【自动分辨率】按钮，弹出【自动分辨率】对话框，可以设置输出设备的网点频率，如图2-7所示。

图2-7　图像大小

2. 像素大小与分辨率 ▶▶▶▶

位图图像的像素大小（图像大小或高度和宽度）是指沿图像的宽度和高度测量出的像素数目。分辨率是指位图图像中的细节精细度，测量单位是像素/英寸（dpi）。

一个图像的品质好坏跟图像的分辨率和尺寸大小是有密切联系的，同样大小的图像，其分辨率越高图像越清晰，如图2-8所示。

（a）200像素　　　（b）32像素

图2-8　分辨率

单位尺寸含有的像素数目是决定分辨率的主要因素，像素数目与分辨率之间也是息息相关的。在像素大小固定的情况下，当分辨率变动时，图像尺寸也必定跟着改变，如图2-9所示。

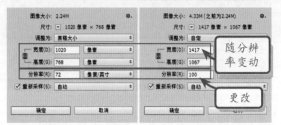

图2-9　分辨率变动

3. 画布大小 ▶▶▶▶

【画布大小】命令是改变图像显示效果最简单的方法之一。只要执行【图像】|【画布大小】命令（快捷键Ctrl+Alt+C），在弹出的【画布大小】对话框中，设置大于或小于原图像尺寸参数值，即可改变图像显示效果，如图2-10所示。

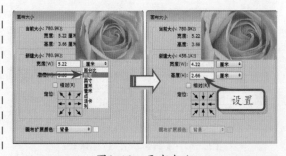

图2-10　画布大小

在该对话框中，无论是扩大还是缩小画布尺寸，不仅可以从绝对或相对进行尺寸设置，还可以自定义画布中心位置。只要单击【定位】选项中的箭头按钮，即可得到不同的效果，如图2-11所示。

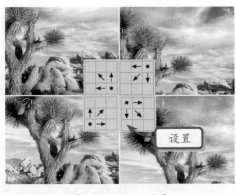

图2-11 定位效果

2.2 编辑图像

编辑图像包括变换图像、裁剪图像、复制和删除图像及用Bridge浏览与管理图像等，是制作和深入处理图像的基础。

2.2.1 变换图像

【变换】命令可以对图像进行变换比例、旋转、斜切、伸展或变形处理。

1. 传统变换 >>>

打开一幅图像后，执行【编辑】|【变换】命令（快捷键Ctrl+T），其中包括的变换命令能够进行各种样式的变形，如图2-12所示。

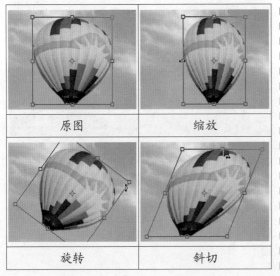

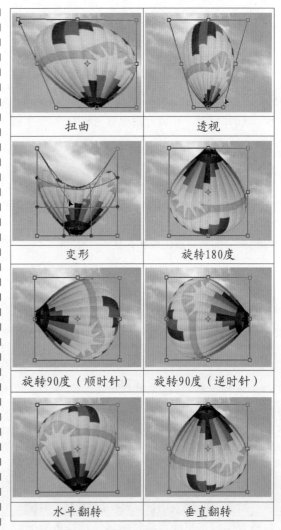

图2-12 变换

（1）**缩放**　缩放操作通过沿着水平和垂直方向拉伸，或挤压图像内的一个区域来修改该区域的大小。

（2）**旋转**　旋转允许改变一个图层内容或一个选择区域进行任意的方向旋转。其中菜单中还提供了【旋转180度】、【旋转90度（顺时针）】和【旋转90度（逆时针）】命令。

（3）**斜切**　沿着单个轴，即水平或垂直轴，倾斜一个选择区域。斜切的角度影响最终图像将变得有多么倾斜。要想斜切一个选择区域，拖动边界框的那些节点即可。

（4）**扭曲**　当扭曲一个选择区域时，可以沿着它的每个轴拉伸进行操作。和斜切不同的是，倾斜不再局限于每次一条边。拖动一个角，两条相邻边将沿着该角拉伸。

（5）**透视**　透视变换是挤压或拉伸一个图层或选择区域的单条边，进而向内外倾斜两条相邻边。

（6）**变形**　可以对图像任意拉伸从而产生各种变换。

2．内容感知型变换 ▶▶▶▶

内容识别缩放功能能在不更改重要可视内容（如人物、建筑、动物等）的情况下调整图像大小，它可以通过对图像中的内容进行自动判断决定如何缩放图像，如图2-13所示。

（a）原图　　　　（b）内容识别缩小

图2-13　内容识别缩放

2.2.2　裁剪图像

使用该工具可以自由控制裁剪的大小和位置，而且还可以在裁剪的同时，对图像进行旋转、变形，以及改变图像分辨率等操作。

打开一张素材图片，选择【裁剪】工具，在素材图片上单击并且拖动鼠标，框选要保留的区域，被裁切区域呈半透明状，然后双击鼠标左键或按回车键即可，如图2-14所示。

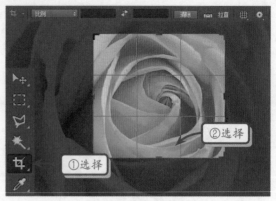

图2-14　裁剪工具

裁剪工具选项栏中的选项如下。

（1）**纵向与横向旋转裁剪框**　单击该按钮，可以旋转裁剪区域。

（2）**拉直**　单击该按钮，通过在图像上画一条线来拉直该图像。

（3）**视图**　单击该按钮，可以改变裁剪区域的视图。

（4）**设置其他裁剪选项**　单击该按钮，可以修改裁剪区域的效果，如图2-15所示。

图2-15　设置其他裁剪选项

（5）**删除裁剪的像素**　启用该按钮，可以删除裁剪的像素。

在工具箱中选择【透视裁剪】工具，在裁剪图像时用户可以将透视的图像进行校正，如图2-16所示。

图2-16 透视裁剪工具

如果图像的背景为纯色，那么在裁剪图像时，就可以运用【裁切】命令将空白区域裁剪掉。执行【图像】|【裁切】命令，设置其中的参数裁切到白色区域，黑色代表无，如图2-17所示。

图2-17 裁切

2.2.3 复制和删除图像

复制操作是图像处理过程中经常要用到的编辑方法之一，在Photoshop中复制图像也分为整体复制与局部复制。

1. 整体复制 >>>>

所谓整体复制，就是创建一个图像文件的副本。执行【图像】|【复制】命令，打开【复制图像】对话框。在该对话框的文本框中，可以输入图像副本的名称，如图2-18所示。

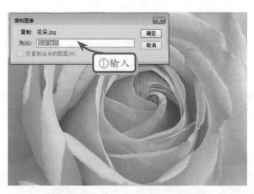

图2-18 整体复制

2. 局部复制 >>>>

所谓的局部复制，就是复制选取范围内的图像。在复制局部图像中，可以在不破坏源文件的情况下移动，称作拷贝；也可以在破坏源文件的情况下移动，叫做剪切。

（1）拷贝与粘贴

如果在不破坏源文件的情况下移动局部图像至另外一个文件内，那么首先要准备两个图像文档，并且其中一个文档中还要在要移动的图像中建立选区，如图2-19所示。

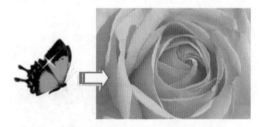

图2-19 局部复制拷贝

然后在目标图像中执行【编辑】|【粘贴】命令（快捷键Ctrl+V），这时局部图像出现在该文档中，如图2-20所示。

图2-20 局部复制粘贴

（2）剪切图像

在Photoshop中进行剪切图像同【拷贝】命令一样简单，执行【编辑】|【剪切】命令（快捷键Ctrl＋X）即可。但是需要注意的是，剪切是将选取范围内的图像剪切掉，并放入剪贴板中。所以剪切区域内的图像会消失，并填入背景色颜色，如图2-21所示。

图2-21　剪切图像

3．合并拷贝 ▶▶▶

在【编辑】菜单中还提供了【合并拷贝】命令。这个命令也是用于复制和粘贴图像，但是不同于【拷贝】命令。

当图像文档中存在两个或两个以上图层时，按快捷键Ctrl＋A执行【全选】命令，然后执行【编辑】|【合并拷贝】命令（快捷键Ctrl+Shift+C），如图2-22所示。

图2-22　合并拷贝

> **提示**
>
> 使用【合并拷贝】命令时，必须先创建一个选取范围，并且图像中要有两个或两个以上的图层，否则该命令不可以使用。该命令只对当前显示的图层有效，而对隐藏的图层无效。

接着打开另外一个图像文档执行【粘贴】命令，就会将刚才文档中的所有图像粘贴至其中，如图2-23所示。

图2-23　图像粘贴

4．【贴入】命令 ▶▶▶▶

【贴入】命令是添加蒙板的"粘贴"操作。执行【编辑】|【选择性粘贴】|【贴入】命令（快捷键Alt+Shift+Ctrl+V），可以将剪切或拷贝的选区粘贴到同一图像或不同图像的另一个选区内。源选区内容粘贴到新图层，而目标选区边框将转换为图层蒙版，如图2-24所示。

图2-24　贴入

5．清除图像 ▶▶▶▶

【清除】命令与【剪切】命令类似，不同的是，【剪切】命令是将图像剪切后放入剪切板，而【清除】则是删除，并不放入剪切板。要清除图像，首先创建选取范围，指定清除的内容，如图2-25所示。

图2-25 清除

然后执行【编辑】|【清除】命令，即可清除选取区域，其中，【清除】命令是删除选区中的图像，所以类似于【橡皮擦工具】，如图2-26所示。

图2-26 清除效果

2.2.4 用Bridge浏览与管理图像

Adobe Bridge是Adobe系列中提供查看图像的软件。Adobe Bridge可进行查找、组织和浏览在创建打印、Web、视频以及移动内容时所需的资源。

1. 查看图像 ▶▶▶▶

单击【在Bridge中浏览】命令，展开该面板。选中文件夹后，即可在【内容】区域中查看图像文件，如图2-27所示。

图2-27 查看文件

2. 打开文件 ▶▶▶▶

当在【Br素材】面板中双击图像文件后，该图像即可在Photoshop中打开，如图2-28所示。

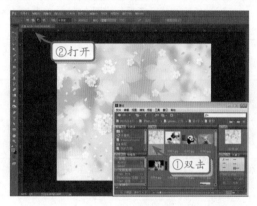

图2-28 打开文件

当在画布中编辑图像后，执行【文件】|【存储】命令（快捷键Ctrl+S），即可在【另存为】对话框中将图像文件保存为PSD格式的文件，如图2-29所示。

图2-29 存储文件

其中各个选项的解释如表2-1所示：

表2-1　前景色及背景色

选项	功能
保存在	该下拉列表用于选择文件的存储路径，选定后的项目将显示在文件或者文件夹列表中
文件名	输入新文件的名称，这样在文件之间就比较容易辨认
格式	在该下拉列表中选择所要存储的文件格式
作为副本	启用该单选按钮，系统将存储文件的副本，但是并不存储当前文件，当前文件在窗口中仍然保持打开状态
注释	启用该复选框，图像的注释内容将与图像一起存储
Alpha通道	启用该复选框，系统将Alpha通道信息和图像一起存储
专色	启用该复选框，系统将文件中的专色通道信息与图像一起存储
图层	启用该复选框，将会存储图像中的所有图层
使用小写扩展名	启用该复选框，当前存储的文件扩展名为小写，反之为大写

当前文件曾经以一种格式存储过，则可以执行【文件】|【存储为】命令（快捷键Ctrl+Shift+S），打开【存储为】对话框。设置文件存储的位置和文件名称，然后在【格式】下拉菜单里面选择一种存储格式即可。在【Br素材】面板中即可查看保存后的图像文件，如图2-30所示。

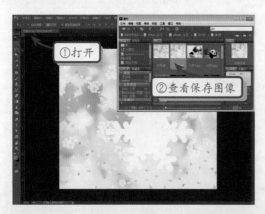

图2-30　查看文件

3. 导入文件 ▶▶▶▶

执行【文件】|【导入】|【注释】命令，可以将一些从输入设备上得到的图像文件或者PDF格式的文件直接导入到Photoshop的工作区内，如图2-31所示。

图2-31　导入文件

4. 导出文件 ▶▶▶▶

执行【文件】|【导出】|【路径到Illustrator】命令，弹出【导出路径到文件】对话框，选择文档范围，然后单击确定，打开【选择存储路径的文件名】对话框。选择存储文件的位置，在【文件名】文本框里输入要存储的文件名称，然后单击【保存】按钮即可将导出的文件保存为AI格式，如图2-32所示。

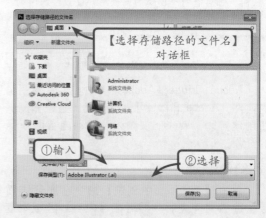

图2-32　导出文件

5. 置入图像 >>>>

在Photoshop中可以通过【置入嵌入的智能对象】和【置入链接的智能对象】命令将矢量图（例如Illustrator软件制作的AI图形文件）插入到Photoshop中当前打开的文档内使用。其方法是：在Photoshop新建一个空白文档，执行【文件】|【置入嵌入的智能对象】命令，打开【置入嵌入对象】对话框，如图2-33所示。

图2-33 置入图像

在【置入嵌入对象】对话框中单击【置入】按钮。此时，文档中会显示一个浮动的对象控制框，用户可以更改它的位置、大小和方向，如图2-34所示。

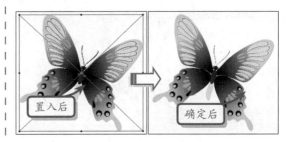

图2-34 置入图像

2.3 案例实战：修复倾斜照片

修复倾斜照片是设计师在工作中经常遇到的问题，本案例使用Photoshop软件中的【自由变换】命令修复倾斜图像，配合【裁切】工具 来完成最终效果，如图2-35所示。

练习要点
● 自由变换命令
● 裁切工具

图2-35 修复倾斜照片

操作步骤：

STEP|01 调整和旋转图像。新建一个1024×894的文档，置入素材，进行自由变换（快捷键Ctrl+T），按住Shift键，等比例调整图像大小，当光标显示为 ↘ 时旋转图像至适合位置，如图2-36所示。

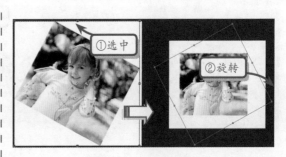

图2-36 自由变换

STEP|02 调整和裁切图像。使用【移动】工具 将残缺部分移至画布以外，选择【裁切】工具 双击画布切除多余的图像部分，如图2-37所示。

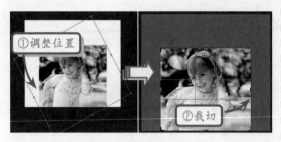

①调整位置

②裁切

图2-37 调整和裁切

STEP|03 应用当前操作，查看裁剪效果，如图2-38所示。

①单击

②裁切效果

图2-38 裁剪效果

2.4 案例实战：唯美桌面

电脑桌面是极为常见的一种平面形式，本案例将通过设置图像的【颜色模式】，执行【编辑】中的【拷贝】、【粘贴】及【变换】命令来制作一个简单唯美的电脑桌面，如图2-39所示。

练习要点

- 拷贝和粘贴图像
- 变换命令的运用
- 图像的颜色模式

图2-39 电脑桌面

操作步骤：

STEP|01 设置图像的颜色模式和置入素材。新建一个1187×892像素、分辨率为150的文档，置入【背景】素材，如图2-40所示。

技巧

复制常用的方法有三种：
（1）按住 Alt 键拖动图像即可复制。
（2）选中图像按Ctrl+C复制，Ctrl+V 粘贴。
（3）选中图层，Ctrl+J复制图层

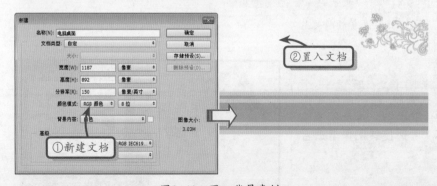

①新建文档

②置入文档

图2-40 置入背景素材

STEP|02 拷贝和粘贴及变换。置入【蝴蝶】素材并执行【编辑】|【拷贝】、【变换】和【粘贴】，调整大小，放至合适的位置，如图2-41所示。

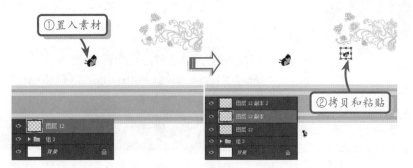

图2-41 拷贝和粘贴及变换

STEP|03 继续置入和移动。置入【组1】和【组2】素材，调整大小移至合适位置，置入装饰文字素材调整大小，完成制作，如图2-42所示。

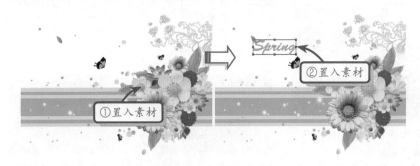

图2-42 置入和移动

2.5 高手训练营

练习1．制作哈哈镜图像效果

哈哈镜众所周知，能将物像从镜子里面夸张变形，那么对于已经固定的图片（或照片）可否制作成哈哈镜图像效果？在Photoshop中，运用【裁剪】工具对图像进行透视裁剪，来制作一张夸张变形的照片，如图2-43所示。

图2-43 制作哈哈镜效果

练习2．制作古塔

轴对称图像的轴两边的图像都是相同的，例如古塔建筑从外观正面角度而视，就是轴对称图像。在Photoshop中，运用一个房角，通过复制图像，并水平翻转图像，制作出一个古塔外观形状，如图2-44所示。

图2-44 制作古塔外关

练习3．添加相框

相框无论是真实的还是图片效果格式的，都是用来美观图片（或照片）的，一些单调乏味的照片，添上一些相框花边，会显得生动美观。在Photoshop中，将图片拖动到PSD格式的相框素材文档中，制作带有相框的图像效果，如图2-45所示。

图2-45　添加相框

⬇ 练习4. 改变图像尺寸

当图像不符合显示要求时，可以通过Photoshop更改其尺寸。在Photoshop中可以通过不同方式改变图像显示范围，一种是整体缩放图像尺寸；另外一种是在固定区域中显示图像局部，如图2-46所示。

图2-46　改变图像尺寸

⬇ 练习5. 改变图像高度

通过【图像大小】命令除了可以精确缩放图像尺寸外，还可以只改变图像的宽度或者高度。操作方法是在【图像大小】的对话框中禁用【约束比例】选项，然后更改【宽度】或者【高度】参数值即可，如图2-47所示。

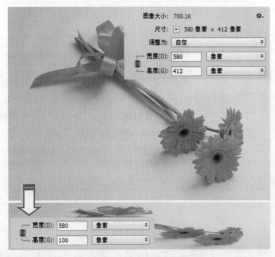

图2-47　改变图像高度

⬇ 练习6. 使用裁剪工具校正图像

裁剪工具除了可以移去部分图像，以突出

或加强构图效果、改变图像的构图外，对于画面倾斜的图片，则可以通过旋转裁切来校正倾斜角度。由于本练习只是校正图像中的局部区域，所以在制作过程中还需要注意校正后与其他区域图像的衔接，如图2-48所示。

图2-48　使用裁剪工具校正图像

⬇ 练习7. 使用【裁剪工具】调整构图

除了校正倾斜的照片，使用【裁剪】工具还可以非常直观、方便地调整画面的构图，操作方法是在画面中拉出裁切框，使用鼠标拖动裁切框上的控制柄，控制图像的高度和宽度，如图2-49所示。

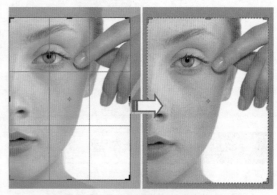

图2-49　使用【裁剪】工具调整构图

⬇ 练习8. 为图像添加边框

在制作图像过程中，有的图像不需要更改图片的大小，而只需要将边缘轮廓扩大，即可具有边框效果。在Photoshop中，执行【画布大小】命令，可以对图片进行扩大边缘操作，而图像本身的大小和分辨率是没有变化的，只是将其画布扩大，如图2-50所示。

图2-50　为图像添加边框

练习9. 扩大画布尺寸

当图像在背景图层时，【画布扩展颜色】选项启用。这时，扩大后的背景颜色可以任意选择，图像右侧扩展黑色画布显示，如图2-51所示。

图2-51 扩大画布尺寸

练习10. 使用自由变换制作倒影效果

物体的倒影与阴影不同，后者是形状相似的灰色图形，只要注意光照来源即可；而前者除了要注意位置外，还需要呈现出物体的纹理的特征，所以在制作过程中，对物体的变形尤为重要，如图2-52所示。

图2-52 使用自由变换制作倒影效果

练习11. 制作酒瓶上的标签

【自由变换】命令中的变形功能可以实现图像的透视变形效果，利用该命令可以制作出酒瓶上标签的透视效果。首先使用【自由变换】命令将图像旋转，然后拖动四个角的手柄，使图像出现透视效果，如图2-53所示。

图2-53 制作酒瓶上的标签

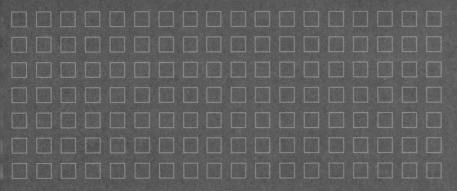

第3章　选区与路径

　　在图像处理过程中，选区与路径是最常用的。选区是对图形进行局部编辑或修改的方法，其创建与使用着重于选取范围的优劣性、准确与否。路径是矢量图形，主要用于对图像进行区域以及辅助抠图、绘制光滑和精细的图形、定义画笔等工具的绘制痕迹以及输出输入路径和与选区之间的转换等领域，熟练掌握路径的使用，能为以后的图像处理工作奠定扎实的基础。

　　本章主要介绍Photoshop中最基本的选区和路径工具，以及选区与路径的创建及编辑，并附有案例可供读者参考，为读者学习掌握选区与路径奠定基础。

Photoshop

3.1 创建选区

在Photoshop中选区应用广泛，是进行图像深入编辑的重要工具，是Photoshop学习中要注意的一个环节，熟练选区的创建能够提高图像编辑的效率，为后续深入操作奠定基础。

3.1.1 创建形状选区

无论使用何种选取工具建立选区，得到的均是由蚂蚁线所圈定的区域。根据不同图像的边缘，可以分别使用几何选取工具和不规则选取工具来创建相应的选区。

1. 创建规则选区 ▶▶▶▶

所谓规则选区，是指选取工具所选择的区域类似规则的几何图形，例如矩形、正方形、椭圆、圆等。创建规则选区的工具主要包括矩形选框工具、椭圆选框工具、单行选区工具、单列选区工具，在图像中的表现如图3-1所示。

（a）矩形选框　　（b）椭圆选框

（c）单行选框　　（d）单列选框

图3-1 规则选区

在矩形选框工具或者椭圆选框工具工具选项栏中，【样式】下拉列表中包括三个子选项，如图3-2所示。

（1）**正常**：该选项能够创建任意尺寸的选区。

（2）**固定比例**：该选项是按一定比例扩大或缩小创建选区。

（3）**固定大小**：该选项是为选框的高度和宽度指定固定的值。

图3-2 子选项

技巧

使用选区工具绘制圆形和矩形选区时，按Shift键可以绘制选区（或者正圆形正方形选区）。按快捷键Shift+Alt可以绘制以起点为中心的正方形。

2. 创建不规则选区 ▶▶▶▶

不规则选区是根据图形形状的不同创建与对象形状相似的选区，此类工具在建立选区时，具有灵活性，选的精确度和质量也比较高，其中包括套索工具、多边形套索工具、磁性套索工具，在图像中的表现如图3-3所示。

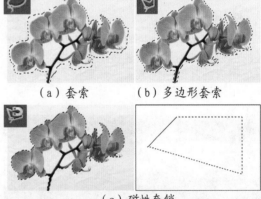

（a）套索　　（b）多边形套索

（c）磁性套锁

图3-3 不规则选区

使用套索工具在创建不规则选区时，如果起点和终点没有重合，则中间的区域呈直线显示，如图3-4所示。

图3-4 使用套索工具创建不规则选区

在使用多边形套索工具 创建多边形选区时，按Shift键同时拖动鼠标可以创建水平、垂直、45°方向的选择线，如图3-5所示。

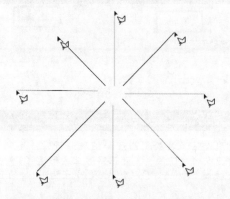

图3-5　多边形套索工具创建不规则选区

3.1.2　颜色选区工具

根据颜色创建选区时，选区的范围与颜色和容差有密切的关系。选择的颜色越多或容差的数值越大，所建立的选区越大，它主要包括魔棒工具 和快速选择工具 。

1. 使用魔棒工具 ▶▶▶▶

魔棒工具 是根据颜色和容差来创建选区的。以单击的那个像素颜色值为准，寻找容差范围内的其他颜色像素，然后把它们变为选区，如图3-6所示。

图3-6　魔棒工具

工具选项栏中的【容差】范围就是色彩的包容度，容差越大，色彩包容度越大，选中的部分也会越多，容差越小选中部分也就越小，如图3-7所示。

图3-7　容差效果

当启用选项栏中的【连续】选项，可以选择颜色相连接的单个区域。如果禁用该选项，将会选择整个图像中使用相同颜色的所有区域，如图3-8所示。

提示

启用【对所有图层取样】选项，可以使用所有可见图层中的数据选择颜色。否则魔棒工具 将只从当前图层中选择颜色。

图3-8　连续效果

2. 使用快速选择工具 ▶▶▶▶

快速选择工具 的工作原理是利用可调整的圆形画笔笔尖快速绘制选区。可以像画笔一样调整直径、硬度等设置。它的选取方式与魔棒工具相似。

当单击鼠标时，笔尖覆盖的选区会根据一定的色彩范围向外扩展并自动查找边缘，建立成选区，如图3-9所示。

图3-9　快速选择

使用快速选择工具 📝 创建选区后，按Alt键可以切换到【从选区减去】按钮 📝，同时单击选区，即从原有的基础上减少选区，如图3-10所示。

图3-10　从选区减去

3.1.3　色彩范围

在Photoshop中，执行【选择】|【色彩范围】命令，也可以对图像进行选取。该命令主要针对当前图层中相似的颜色进行选取。

1. 选取颜色 ▶▶▶▶

在该对话框中，使用【取样颜色】选项可以选取图像中的任何颜色。在默认情况下，使用【吸管工具】在图像窗口中，单击选取一种颜色范围，单击【确定】按钮后，显示该范围选区，如图3-11所示。

图3-11　色彩范围

在【选择】下拉列表中，除了能够自由选择【取样颜色】选项外，还包括固定颜色选项，以及色调选项。例如选择【肤色】选项，即可选中图像中的肤色部分，如图3-12所示。

图3-12　肤色

当计算机中显示的颜色超出了CMYK模式的色域范围，就会出现"溢色"。也就是计算机可以显示，但打印机无法打印的颜色。图像溢色的选择也能够通过【色彩范围】命令来实现，选择"溢色"选项确定建立选区后，所有图像中的"溢色"都被建立成新的选区，如图3-13所示。

图3-13　溢色

2. 颜色容差 ▶▶▶▶

【色彩范围】对话框中的【颜色容差】与【魔棒工具】中的【容差】相同，均是选取颜色范围的误差值，数值越小，选取的颜色范围越小，如图3-14所示。

图3-14 容差

3. 添加与减去颜色范围 ▶▶▶▶

　　【颜色容差】选项更改的是某一颜色像素的范围,而对话框中的【添加到取样】 ✔ 与【从取样中减去】 ✔ 是增加或者减少不同的颜色像素,如图3-15所示。

图3-15 颜色容差

　　当图像中存在一种颜色的选区后,再次执行该命令,并且启用【从取样中减去】 ✔,这时在选区中单击后,会提示"仅选择了一种颜色。要进一步缩小选区,请尝试调整颜色容差。",如图3-16所示。

图3-16 从取样中减去

4. 反相 ▶▶▶▶

　　当图像中的颜色复杂时,想要选择一种颜色或者其他N种颜色像素,就可以使用【色彩范围】命令。在该对话框中选中较少的颜色像素后,启用【反相】选项,单击【确定】按钮后会得到反方向选区,如图3-17所示。

提示

反相就是将图像的颜色色相进行反转,例如黑变白、蓝变黄等。

图3-17 反相

5. 保存与载入 ▶▶▶▶

　　当在【色彩范围】对话框中选中颜色范围后,还可以将其保存。单击对话框中的【存储】按钮,将颜色范围以及相关参数值,以AXT格式加以保存,如图3-18所示。

图3-18 存储

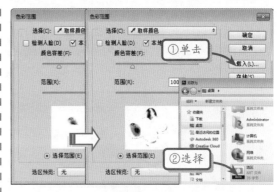

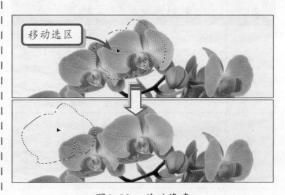

这样就可以在不同阶段，重新选择该颜色范围。方法是单击【载入】按钮，选择保存的数据即可，如图3-19所示。

图3-19 载入

3.2 编辑选区

3.1节我们讲的是选区的创建，下面我们来叙述选区的编辑，包括选区的基本操作、修改选区及选区的应用。读者只有掌握这些编辑方法才能熟练应用选区，深入图像编辑过程。

3.2.1 选区基本操作

在实际的操作过程中，会遇到许多选区的基本操作，了解基本操作不但可以增加图像的更多细节，还可以快速提高工作效率。

1. 选择方式 ▶▶▶▶

当已经在图像中创建选区后，如果需要选择该选区以外的像素，可以执行【选择】|【反向】命令（快捷键Ctrl+Shift+I）即可，如图3-20所示。

图3-20 反向

不同形状选区可以使用不同选取工具来创建，要是以整个图像或者画布区域建立选区，那么可以执行【选择】|【全选】命令（快捷键Ctrl+A），如图3-21所示。

图3-21 全选

2. 移动选区 ▶▶▶▶

根据绘图的需要对选区进行移动调整，除快速选择工具 以外，其他选区工具均可以移动选区。在使用选区工具移动选区时，选区内的图像不会随之移动。

操作方法是：将鼠标移动至选区内按住鼠标左键可以随意移动选区；也可以使用键盘上的↑、↓、←、→方向键，精确调整选区方向，每按一次移动1个像素。按住Shift键，然后按方向键，可以每次移动10像素，如图3-22所示。

图3-22 移动像素

另外一种移动方式是使用移动工具 ⊕ 移动选区，与使用选区工具移动不同的是，使用移动工具 ⊕ 移动选区时，选区内的图像也会随之移动，如图3-23所示。

图3-23 移动工具

3. 变换选区 ▶▶▶▶

如果需要绘制比较特殊的形状时，我们可以在新建的选区上右击，在弹出的子菜单中选择【变换选区】选项，然后会出现自由变形调整框和控制点，调整方法和变换图像方法相同，如图3-24所示。【变换选区】选项栏的功能如表3-1所示。

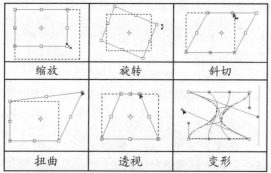

图3-24 变换选区

表3-1 【变换选区】选项栏功能表

名称	选项图标	功能
参考点位置		此选项图标中的9个点对应调整框中的8个节点和中线点，单击选中相应的点，可以确定为变换选区的参考点
位移选项	X: 307.50 像素 △ Y: 202.00 像素	精确调整水平方向和垂直方向位移的距离
缩放选项	W: 100.00% ⟳ H: 100.00%	控制选区高度和宽度的缩放比例

续表

名称	选项图标	功能
旋转选项	△ 0.00 度	控制选区旋转的角度
斜切选项	H: 0.00 度 V: 0.00 度	控制水平方向的斜切角度或垂直方向的斜切角度

新建选区，单击鼠标右键，选择【变换选区】选项，然后单击工具选项栏中的【在自由变换和变形模式之间切换】按钮 ⬚ ，在其右侧【变形】下拉菜单中，选择各项定义好的形状，可以对选区进行各种形态的变形，如图3-25所示。

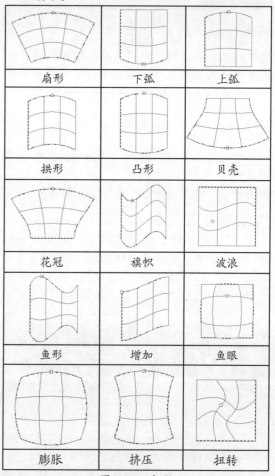

扇形	下弧	上弧
拱形	凸形	贝壳
花冠	旗帜	波浪
鱼形	增加	鱼眼
膨胀	挤压	扭转

图3-25 变形

4. 选区存储与载入 ▶▶▶▶

使用选区工具或者命令创建选区后，执行【选择】|【存储选区】命令。直接单击对话框中的【确定】按钮，即可将画布中的选区保存在【通道】面板中，如图3-26所示。

图3-26　存储选区

当想要再次借助该选区进行其他操作时，执行【选择】|【载入选区】命令，打开【载入选区】对话框，在【通道】中选择指定通道名称即可，如图3-27所示。

图3-27　载入选区

3.2.2　修改选区

多数情况下无法一次性得到满意的选区，对于这样的选区，用户可以首先创建一个基本选区，在原选区的基础上进行一定程度的调整，更改选区的外观，以达到最终所需要的选区。

1．边界命令 ▶▶▶▶

边界命令可以以当前选区为中心选取更宽的像素边界。在建立选区后执行【选择】|【修改】|【边界】命令，以原选区的边缘为基础向外扩展，会出现两条闪烁的虚线（蚂蚁线），两条蚂蚁线之间为新选区，如图3-28所示。

图3-28　边界

2．平滑命令 ▶▶▶▶

当遇到选区带有尖角，想使尖角变得平滑时，可以使用平滑命令，使尖角变得平滑。尖角平滑程度与【平滑选区】对话框中的【取样半径】参数值有关。像素值越大，选区的轮廓线就越平滑，如图3-29所示。

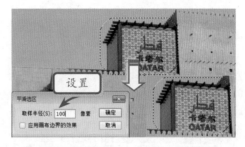

图3-29　平滑

3．扩展命令 ▶▶▶▶

扩展命令可以放大当前选区，并尽量保持选区原有形状。该命令比较适用于光滑的自由形状选区。在【扩展量】文本框中输入需要扩展的像素值，输入的数值越大，选区被扩展得越大，如图3-30所示。

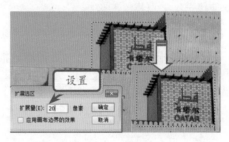

图3-30　扩展

4．收缩命令 ▶▶▶▶

收缩命令可以在选区原有的基础上选取缩小一定的像素值，在视觉上就是将选区范围进行缩小，在【收缩量】文本框中输入的数值越大，收缩也就越大，如图3-31所示。

图3-31　收缩

5．羽化命令 ▶▶▶▶

羽化命令可以将尖锐的选区处理得更加柔和，颜色过度更加明显。执行【选择】|【修改】|【羽化】命令，在【羽化半径】文本框中输入的数值越大，选区边缘的柔和度就越大，如图3-32所示。

图3-32　羽化

3.2.3　选区应用

创建选区除了用于对图像进行编辑以外，还可以应用选区，例如利用选区给图像描边，以及使用选区工具提取图像等。

1．选区描边 ▶▶▶▶

利用选区描边，可以绘制出更精确的描边效果。操作过程是，建立选区后执行【编辑】|【描边】命令。或右击选区，选择【描边】命令。在弹出的对话框中可以设置描边的各个选项，来得到不同效果的描边效果。

在对选区描边时，有三种描边位置的选项，分别为【内部】、【居中】和【外部】，如图3-33所示。

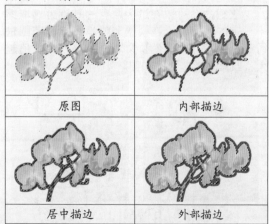

图3-33　描边

在【描边】对话框中，可以通过设置描边的【混合模式】和【不透明度】选项，使描边的效果更加适合图像处理的需要，如图3-34所示。

图3-34　描边

【保留透明选区】选项在普通图层中存在透明像素时才会有效果，启用和禁用状态下描边的效果会有所不同。通过对比可以看出，禁用此选项后添加描边时，透明区域不再受到保护，添加了新的颜色像素；启用【保留透明选区】选项描边后，图像中原来透明的区域仍然保持透明像素，就像是被保护起来了一样，如图3-35所示。

图3-35　保留透明选区

2．提取图像 ▶▶▶▶

提取图像中的某一局部前，首先要观察该局部与背景之间的差异，然后决定使用哪个工具可以更快捷地选取主题图像。其次通过复制选区中的图像，来进行图像的提取工作，如图3-36所示。

图3-36　图像的提取

3.3　案例实战：制作生活照片

照相是我们每个人都有过的经历，除了偶然情况下可能很少有人能拍出不做修改就非常满意的照片。来看一下为"盼盼"做的一张简单的背景处理的照片效果吧！本案例用到了魔棒工具 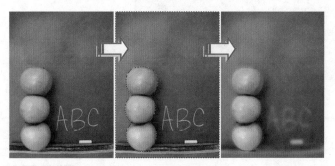、反选选区和高斯模糊命令及调整边缘，如图3-37所示。

练习要点

● 魔棒工具
● 反选选区
● 调整边缘
● 高斯模糊命令

提示

双击图层是为了解锁，因为jng格式的素材是锁定背景的。

图3-37　最终效果

操作步骤：

STEP|01　打开素材。打开所要处理的照片素材，双击图层，如图3-38所示。

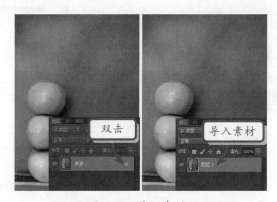

图3-38　导入素材

STEP|02　选择、反选和调整边缘。使用【魔棒工具】 单击"苹果"，启用【添加到选区】 直到"苹果"完成被选中，按Ctrl+Shift+Enter组合键反选，单击 调整边缘... 按钮，设置参数，如图3-39所示。

注意

【魔棒工具】 的工具选项栏中有4项，分别是：
(1)【新选区】
(2)【添加到选区】
(3)【从选区中减去】
(4)【与选区交叉】

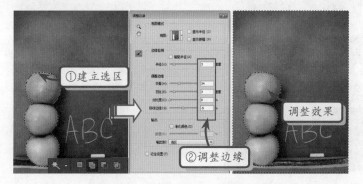

①建立选区
②调整边缘
调整效果

图3-39　选择、反选和调整边缘

STEP|03 高斯模糊。执行【滤镜】|【模糊】|【高斯模糊】设置参数,调整图像,如图3-40所示。

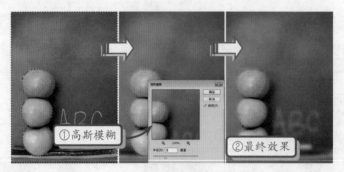

图3-40　高斯模糊

3.4　案例实战:唯美海报

　　本案例将通过对快速选择工具✍创建的形状选区的【羽化】、复制和粘贴及【自由变换】的配合,来实现在平面滚动的视错觉,如图3-41所示。

练习要点

● 快速选择工具✍
● 【羽化】
● 【自由变换】

图3-41　最终效果

操作步骤:

STEP|01 打开素材。打开所要处理的照片素材,双击图层,如图3-42所示。

提示

Ctrl+H 组合键显示和隐藏辅助线。
Ctrl+E 组合键向下合并图层。

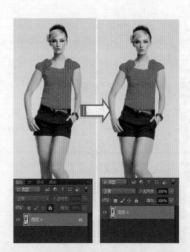

图3-42　打开素材

STEP|02 选区选取和反选。选择快速选择工具![图标]，选取背景，然后按Ctrl+Shift+Enter组合键反选，如图3-43所示。

图3-43　选区选取和反选

STEP|03 选区羽化和复制粘贴。单击【选择】|【修改】|【羽化】选项，设置羽化值为2，按快捷键Ctrl+C复制选区，打开背景素材，双击解锁，按快捷键Ctrl+V粘贴选区图像，如图3-44所示。

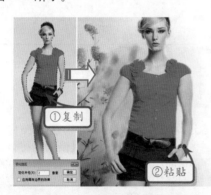

图3-44　选区羽化和复制粘贴

STEP|04 自由变换。选择图层，单击【编辑】|【自由变换】选项，按Shift键，同时调整图像到合适大小，如图3-45所示。

图3-45　自由变换

3.5　创建路径

　　路径在Photoshop中是图像进行深入编辑的重要工具之一，本节学习路径的创建，包括路径概述、钢笔工具、几何形状路径及自定义形状路径。熟练路径的创建能够提高图像编辑的效率，为后续深入奠定基础。

3.5.1　路径概述

　　所有使用矢量绘制软件或矢量绘制工具制作的线条，原则上都可以称为路径。它是基于贝赛尔曲线所构成的直线段或曲线段，在缩放或变形后仍能保持平滑效果。

1．路径 ▷▷▷▷

　　路径分为开放的路径和封闭的路径。路径中每段线条开始和结束的点称为锚点，选中的锚点显示一条或两条控制柄，可以通过改变控制柄的方向和位置来修改路径的形状。两个直线段间的锚点没有控制柄，如图3-46所示。

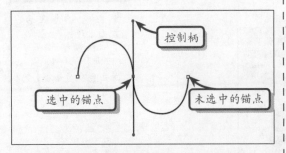

图3-46 路径

提示

路径不必是由一系列线段连接起来的一个整体。它可以包含多个彼此完全不同而且相互独立的路径组件。形状图层中的每个形状都是一个路径组件。

2．贝赛尔曲线 ▶▶▶▶

一条贝赛尔曲线是由4个点进行定义的，其中P1和P4定义曲线的起点和终点，又称为锚点。P2和P3用来调节曲率的控制点。用户通过调节P1和P4，可以调整贝塞尔曲线的起点和终点，通过调整P1~P4这4个点可以灵活地控制整条曲线的曲率，如图3-47所示。

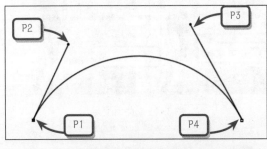

图3-47 贝赛尔曲线

提示

"贝赛尔曲线"是由法国数学家 Pierre Bezier 所构造的一种以"无穷相近"为基础的参数曲线，由此为计算机矢量图形学奠定了基础。它的主要意义在于无论是直线或曲线都能在数学上予以描述，使得设计师在计算机上绘制曲线就像使用常规作图工具一样得心应手。

通常情况下，仅由一条贝赛尔曲线往往不足以表达复杂的曲线区域。在Photoshop中，为了构造出复杂的曲线，往往使用贝赛尔曲线组的方法来完成，即将一段贝赛尔曲线首尾进行相互连接，如图3-48所示。

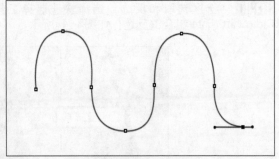

图3-48 贝赛尔曲线组

3．平滑曲线 ▶▶▶▶

平滑曲线又称为平滑点的锚点连接。锐化曲线路径由角点连接，当在平滑点上移动方向线时，将同时调整平滑点两侧的曲线段。当在角点上移动方向线时，只调整与方向线同侧曲线段，如图3-49所示。

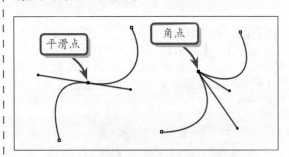

图3-49 平滑曲线

3.5.2 钢笔工具

钢笔工具 可以绘制最高精度的图像，它是建立路径的基本工具，使用该工具可以创建直线路径和曲线路径，还可以创建封闭式路径。而自由钢笔工具 则能够像使用铅笔在纸上绘图一样来绘制路径。

1．创建直线路径 ▶▶▶▶

在空白画布中，选择工具箱中的钢笔工具 ，启用工具选项栏中的【路径】功能，在画布中连续单击，即可创建直线段路径，而【路径】面板中出现"工作路径"，如图3-50所示。

图3-50　直线段路径

提示

当启用工具选项栏中的【橡皮带】选项，可以在移动指针时预览两次单击之间的路径段。

2．创建曲线路径 ▶▶▶▶

曲线路径是通过单击并拖动来创建的。方法是使用钢笔工具 ✐ 在画布中单击A点，然后到B点单击并同时拖动，释放鼠标后即可建立曲线路径，如图3-51所示。

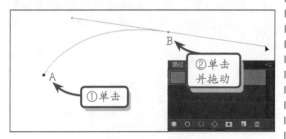

图3-51　曲线路径

3．创建封闭式路径 ▶▶▶▶

使用钢笔工具 ✐，在画布中单击A点作为起始点。然后分别单击B点和C点后，指向起始点（A点），这时钢笔工具指针右下方会出现一个小圆圈。单击后，形成封闭式路径，如图3-52所示。

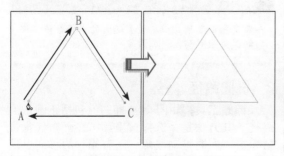

图3-52　封闭式路径

4．创建自由路径 ▶▶▶▶

自由钢笔工具 ✐ 是通过自由手绘曲线来建立路径的，它可以根据用户的需要任意地绘制图形，在绘制时，并不需要确定节点的位置，而是根据设置来自动添加节点，如图3-53所示。

图3-53　自由路径

在工具选项栏中启用【磁性的】复选框，可以激活【磁性钢笔工具】，此时鼠标指针将变成 ✐ 形状，利用此功能可以沿路径边缘创建路径，如图3-54所示。

图3-54　自由路径

3.5.3　几何形状路径

常见的几种几何图形，在Photoshop工具箱中均能够找到现有的工具。通过设置每个工具中的参数，还可以变换出不同的效果。

1．矩形与圆角矩形路径 ▶▶▶▶

使用矩形工具 ▢ 可以绘制矩形、正方形的路径。其方法是：选择矩形工具 ▢，在画布任意位置单击作为起始点，同时拖动鼠标，随着光标的移动将出现一个矩形框，如图3-55所示。

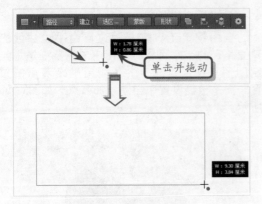

图3-55　矩形工具

在矩形工具■选项栏上单击【几何选项】按钮■，弹出一个选项面板。默认启用的是【不受约束】选项，而其他选项如下。

（1）**方形**：启用该选项后，在绘制矩形路径时，可以绘制正方形路径，如图3-56所示。

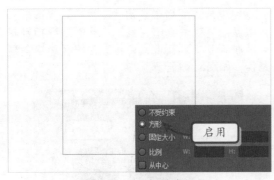

图3-56　正方形路径

（2）**固定大小**：启用该选项，可以激活右侧的参数栏。在参数栏文本框中输入相应的数值，能够绘制出固定大小的矩形路径，如图3-57所示。

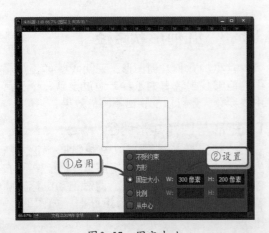

图3-57　固定大小

（3）**比例**：启用该选项，能够在激活右侧的参数文本框中输入相应的数值，来控制矩形路径的比例大小，如图3-58所示。

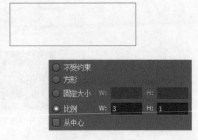

图3-58　比例

（4）**从中心**：启用该选项，可以绘制以起点为中心的矩形路径。

（5）**对齐像素**：启用该选项，在绘制矩形路径时，路径会以每个像素为边缘进行建立。

2.圆角矩形工具 ▶▶▶▶

圆角矩形工具■所创建的矩形具有圆角的效果。在一定程度上消除了坚硬、方正的感觉，通过设置工具属性栏【半径】选项的参数，可以绘制出不同的圆角矩形路径效果，如图3-59所示。

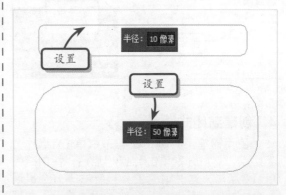

图3-59　圆角矩形工具

> **提示**
>
> 在圆角矩形选项栏中，设置越大的半径数值，得到的圆角矩形越接近正圆。

3.椭圆路径 ▶▶▶▶

椭圆工具■用于建立椭圆（包括正圆）的路径。其方法是：选择该工具，在画布任意位置单击，同时拖动鼠标，随着光标的移动出现一个椭圆形路径，如图3-60所示。

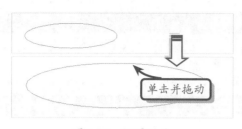

图3-60　椭圆工具

4．多边形路径 >>>>

此工具的应用非常广泛，使用它既可以绘制多边形也能够绘制星形。通过工具选项栏【边】选项的设置，可以调整多边形的边数，如图3-61所示。

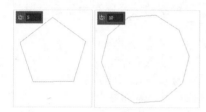

图3-61　多边形

单击该工具选项栏中的【几何选项】按钮，在弹出的面板中，可以设置各种选项参数，来建立不同效果的多边形路径。

（1）**半径**：通过设置该选项，可以固定所绘制多边形路径的大小，参数范围是1～150000px。

（2）**平滑拐角或平滑缩进**：用平滑拐角或缩进渲染多边形。

（3）**星形**：启用该选项，能够绘制星形的多边形。

5．直线路径 >>>>

直线工具既可以绘制直线路径，也可以绘制箭头路径，直线路径的绘制方法与矩形路径相似，只要选中该工具后，在画布中单击并拖动鼠标即可。而直线路径的粗细则是通过选项栏中的【粗细】选项来决定的，如图3-62所示。

图3-62　直线工具

打开该工具的选项面板，其中的选项能够设置直线的不同箭头效果。

（1）**起点与终点**：启用不同的选项，箭头出现在直线的相应位置，如图3-63所示。

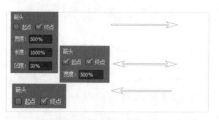

图3-63　起点与终点

（2）**宽度**：该选项用来设置箭头的宽度，其范围是10%～1000%，如图3-64所示。

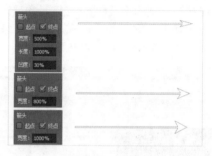

图3-64　宽度

（3）**长度**：该选项用来设置箭头的长度，其范围是10%～5000%，如图3-65所示。

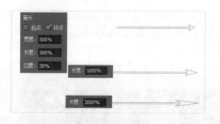

图3-65　长度

（4）**凹度**：该选项用来设置箭头的凹度，其范围是－50%～50%，如图3-66所示。

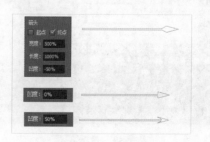

图3-66　凹度

技巧

绘制直线路径时，同时按住 Shift 键可以绘制出水平、垂直或者 45°的直线路径。

提示

在选择载入预设的图案形状时，可以分开选择系统自带的图案。

3.5.4 自定义形状路径

要想建立几何路径以外的复杂路径，可以使用工具箱中的自定形状工具 🔲。在Photoshop 中大约包含250多种形状可供选择，包括星星、脚印与花朵等各种符号化的形状。当然，用户也可以自定义喜欢的图像为形状路径，以方便重复使用。

提示

在关联菜单中，通过选择【载入形状】命令，能够将外部的形状路径导入 Photoshop 中；还可以通过选择【复位形状】命令，还原【定义形状】拾色器中的形状。

1．创建形状路径 ▶▶▶▶

选择自定形状工具 🔲，在工具选项栏中单击【形状】右侧的小按钮 🔲。在打开的【定义形状】拾色器中，选择形状图案。即可在画布中建立该图案的路径，如图3-67所示。

2．自定义形状路径 ▶▶▶▶

如果不满意Photoshop中自带的形状，还可以将自己绘制的路径保存为自定义形状，方便重复使用。

方法是在画布中创建路径后，执行【编辑】|【定义自定形状】命令，在【形状名称】对话框中直接单击【确定】按钮，即可将其保存到【自定形状】拾色器中，如图3-69所示。

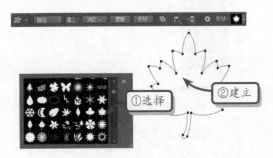

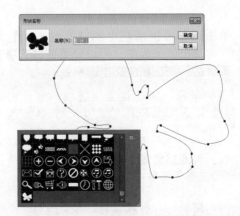

图3-67 自定形状工具

图3-69 绘制自定义形状

单击拾色器右上角的小三角按钮，在打开的关联菜单中，既可以设置图案的显示方式，也可以载入预设的图案形状，如图3-68所示。

选择【自定形状工具】后，在【自定形状】拾色器中选择定义好的形状，即可绘制路径和图形，如图3-70所示。

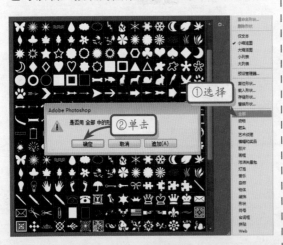

图3-68 设置图案

图3-70 绘制自定义形状

PHOTOSHOP

3.6 编辑路径

3.5节讲的是选区路径的创建，下面我们来叙述路径的编辑，包括调整路径和应用路径两大部分，读者只有掌握这些编辑方法才能熟练应用路径，深入图像编辑过程。

3.6.1 调整路径

路径工具不能一次性将对象外形准确地描绘出来，需要对路径锚点进行添加、删除以及转换等操作，以达到最终目的。

1．选择路径与锚点 >>>>

在编辑路径之前，首先要选中路径或者路径中的锚点。选择路径的常用工具包括路径选择工具和直接选择工具。

选择路径选择工具，在已建立的路径区域中任意单击，即可选中该路径。此时路径上所有的节点，都以实心方块显示，如图3-71所示。

图3-71　路径选择工具

而使用直接选择工具，则可以通过单击或者框选来选中一个或者多个节点。这样就可以单独编辑选中的节点，而不影响其他节点，如图3-72所示。

图3-72　直接选择工具

2．添加与删除锚点 >>>>

要在路径上添加一个锚点，首先选择添加锚点工具，将光标指向绘制好的路径（不能指向路径上的锚点），单击即可为路径添加锚点，如图3-73所示。

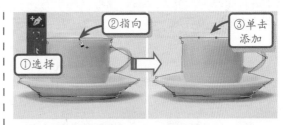

图3-73　添加锚点

> **提示**
>
> 在选择路径选择工具或者直接选择工具的情况下，按住Alt键，可以在这两个工具之间切换。

如果要删除路径中的某个锚点，首先选择删除锚点工具。然后将光标指向路径中的某个锚点，单击即可删除指向的锚点，如图3-74所示。

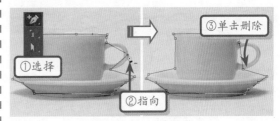

图3-74　删除锚点

3．更改锚点属性 >>>>

锚点共有两种类型，即曲线锚点和直线锚点。这两种锚点所连接的分别是曲线和直线路径。而工具箱中的【转换点工具】，能够在曲线锚点和直线锚点之间相互转换，如图3-75所示。

图3-75　转换点工具

要想将直线锚点转换为曲线锚点，首先要选择转换点工具。然后单击并拖动直线锚点，随着光标的移动，将会出现控制柄。这时将直线锚点转换为曲线锚点，并且锚点两侧的直线转换曲线路径，如果在曲线锚点上，使用转换点工具直接单击，即可将曲线锚点转换为直线锚点，并且将曲线路径转换为直线路径，如图3-76所示。

图3-76　转换点工具

4．调整曲线方向 ▶▶▶▶

使用转换点工具，除了能够将直线转换为曲线外，还能够调整曲线路径的弧度，只要在单击锚点的同时大幅度地拖动光标，或者使用直接选择工具调节控制柄即可，如图3-77所示。

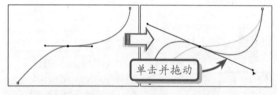

图3-77　调整曲线路径

如果使用转换点工具，将直线转换为曲线后，继续使用该工具单击并拖动一侧的控制柄，那么就会改变相同方向曲线的弧度方向，而另外一侧的曲线不受影响，如图3-78所示。

图3-78　调整曲线路径

5．变换路径 ▶▶▶▶

自由变换功能同样能够应用于路径，只要使用路径选择工具选中路径后，按快捷键Ctrl+T显示变换控制框，即可按照图像的自由变换操作来变换路径，这里是对路径进行了水平翻转变换，如图3-79所示。

图3-79　自由变换路径

6．移动与复制路径 ▶▶▶▶

在实际操作中，初步绘制的路径往往不到位，需要调整路径的位置，才能够达到要求。因此，移动路径是常常要进行的操作。

选择路径选择工具，将光标指向路径内部。然后单击并拖动鼠标，即可移动路径，改变路径在画布中的位置，如图3-80所示。

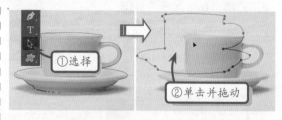

图3-80　改变路径位置

选择直接选择工具，单击并拖动路径中的某个锚点，即可移动该锚点，改变该锚点在路径中的位置，而整个路径不会发生位置的变化，如图3-81所示。

图3-81　移动该锚点

提示

无论是工作路径，还是存储路径，均能够对其进行备份，从而达到复制路径的目的。方法是：使用路径选择工具选中路径后，按住Alt键单击并拖动路径，从而复制该路径。

7．路径类型 ▶▶▶▶

无论是钢笔工具、几何工具还是形状工具，均能够得到不同的路径图像。只要选择某个路径工具后，在工具选项栏左侧，分别单击【形状图层】、【路径】和【填充像素】，即可逐一创建同一形状、不同类型的效果，如图3-82所示。

图3-82　类型效果

3.6.2　应用路径

路径绘制、编辑完成后，就可以将其转换为选区范围，或者直接对路径进行填充和描边操作。下面将为用户详细介绍路径的实际应用。

1．路径转换为选区 >>>>

路径转换为选区是路径的一个重要功能，运用这项功能可以将路径转换为选区，然后对其进行各项编辑。方法是：打开【路径】面板，单击【将路径作为选区载入】按钮即可；另一种方法是：单击【路径】面板右边小三角，选择【建立选区】命令，在弹出对话框中还可以设置【羽化半径】的参数，如图3-83所示。

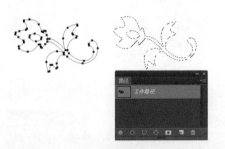

图3-83　路径转换为选区

如果路径为一个开放式的路径，则在转换为选取选区后，路径的起点会连接终点成为一个封闭的选区，如图3-84所示。

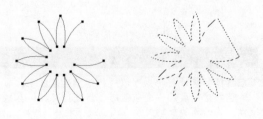

图3-84　路径转换为选区

2．选区转换为路径 >>>>

对于一些比较复杂，而颜色却很简单的图像。利用钢笔工具绘制又比较麻烦，这时就可以使用魔棒工具创建选区，然后在【路径】面板下拉菜单中选择【从选区生成路径】命令即可，如图3-85所示。

图3-85　从选区生成路径

技巧

在路径打开的前提下，按快捷键Ctrl + Enter，同样可以将路径转换为选区。

3．填充路径 >>>>

要对路径进行填充，首先打开【路径】面板，将前景色设置为要填充的颜色。然后单击该面板下方的【用前景色填充】按钮即可，如图3-86所示。

图3-86　对路径进行填充

填充路径的另一种方法是通过【填充路径】对话框对路径进行填充。方法是：打开【路径】面板，按住Alt键的同时单击【用前景色填充】按钮，弹出【填充路径】对话框。在【内容】下拉菜单中可以设置【前景色】、【背景色】和【图案】等选项，如图3-87所示。

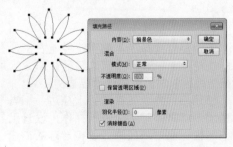

图3-87　填充路径

4. 描边路径 ▶▶▶▶

在一幅作品中，路径是隐藏的，只作为辅助作用记录作品的初始形态。描边路径是将路径以线条、图案等方式实体化。它可以使路径轨迹以各种形式表现出来，从而达到最终编辑图像的目的。

（1）不同画笔大小描边

在对路径描边之前，用户首先需要设置各项描边工具，例如使用画笔工具 ✏，通过设置画笔大小，对路径进行粗细不同的描边效果。方法是：在【路径】调板上单击【用画笔描边路径】命令 ○，如图3-88所示。

图3-88 用画笔描边路径

（2）不同画笔形状描边

在【画笔预设】选取器中，用户可以选择不同的画笔笔触对路径进行描边，它可以根据笔触的变化，制作出草、花等描边效果，如图3-89所示。

图3-89 不同画笔形状描边

（3）不同描边工具

使用路径选择工具 ▶ 在路径上右击，在弹出的快捷菜单中选择【描边路径】命令，可在【描边路径】对话框中选择描边的工具。

使用不同的工具在路径上描边，相当于在图像上沿着路径对图像进行操作，设置工具不同的属性，能对路径进行各种形态的描边，如图3-90所示。

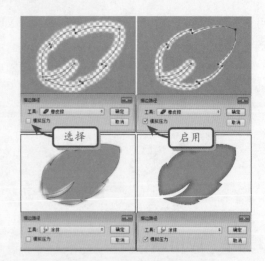

图3-90 各种形态的描边

5. 路径运算 ▶▶▶▶

在设计过程中，经常需要创建更为复杂的路径，利用路径运算功能可将多个路径进行相减、相交、组合等运算。但单一的路径不容易体现运算的效果，下面通过形状图层来进行路径的运算。

创建一个形状图形后，启用不同运算方式功能，继续创建形状图形，会得到不同的运算结果，如图3-91所示。

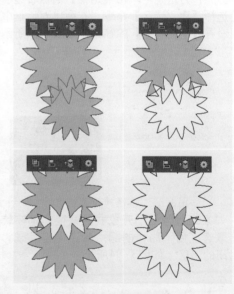

图3-91 路径运算

提示

在路径创建过程中，可以进行路径运算效果。当路径创建完成后，还是能够重新进行路径运算操作，其运算功能均显示在工具选项栏中。

3.7 案例实战：清新郁金香

　　在现代设计领域中，海报设计可以说是最具有表现意味的，它与绘画艺术有着亲近的血缘关系。目前市场上涌现出各式各样的海报，有商业性质的招贴，也有用来作为装饰画使用的壁纸等，对于海报的绘制也有各种不同的方法，这里就讲述在Photoshop中用选区制作一幅海报的方法，如图3-92所示。

练习要点

- 选框工具
- 绘制选区
- 填充选区
- 发光样式
- 变换选区

图3-92　海报效果

操作步骤：

STEP|01　打开素材，创建图层。选择【文件】|【打开】命令，打开素材文件，单击【图层】面板底部的【创建新图层】按钮，新建图层，如图3-93所示。

①打开文件

②单击

图3-93　打开素材

STEP|02　绘制和填充。使用椭圆工具在图像中绘制一个圆形，然后将其填充为白色，如图3-94所示。

①单击

②填充

图3-94　绘制和填充

STEP|03 设置图层样式和填充值。选择【图层】|【图层样式】|【内发光】命令，打开【图层样式】对话框，设置内发光颜色为白色，其余设置如图3-95所示，并设置【图层】面板中的【填充】值为0%。

图3-95 设置样式和填充

STEP|04 新建图层，绘制选区并进行变换。单击【创建新图层】按钮，新建图层2，使用椭圆工具在图层2中绘制一个椭圆形选区，然后选择【选择】|【变换选区】命令，将选区进行旋转，如图3-96所示。

图3-96 新建图层和变换选区

STEP|05 羽化。按Enter键确定选区的变换，将鼠标指针放到选区中，右击，在弹出的菜单中选择【羽化】命令，并在打开的【羽化选区】对话框中设置羽化半径为5，然后将选区填充白色，效果如图3-97所示。

技巧

羽化可以通过三种形式来实现，分别是：
(1) 执行【选择】|【修改】|【羽化】命令，设置羽化半径。
(2) 右击选区会弹出羽化选项，设置对话框。
(3) 按Alt+Ctrl+D组合键，设置羽化半径。

图3-97 羽化

STEP|06 复制、设置图层。在【图层】面板中复制一次图层2，适当缩小复制得到的图像，然后设置图层2的不透明程度为60%，效果如图3-98所示。

图3-98 复制、设置图层

STEP|07 再次绘制。使用同样的方法，在透明圆形的下方再绘制一个高光图像，并且适当调整其透明度和大小，效果如图3-99所示。

图3-99 再次绘制

STEP|08 创建光泽。参照如图3-100所示的效果，选择椭圆工具绘制一个圆形选区，然后按住Alt键对选区进行减选，并新建图层，填充白色，设置该图层的不透明度为40%。

图3-100 创建光泽

STEP|09 合并图层并移动图像。按住Ctrl键同时选择除背景图层以外的所有图层，然后选择【图层】|【合并图层】命令，将创建的泡泡图像合并为一个图层，命名为【泡泡】，再次选择移动工具，按住Alt键移动泡泡图像，可以得到复制的图像，效果如图3-101所示。

图3-101　合并图层并移动图像

STEP|10　编辑并复制和创建文字。选择【编辑】|【变换】|【缩放】命令，适当缩小复制的图像。通过多次复制并缩放泡泡图像，使效果如图3-102所示，并选择横排文字工具在图像中输入两行文字，并将文字填充为白色，完成本实例的绘制。

图3-102　编辑并复制和创建文字

3.8　案例实战：梦幻粒子

　　在魔幻电影或神话故事电视剧里您一定见到过那种令人赏心悦目、闪闪发光的粒子吧！那么本案例将介绍这种梦幻粒子特效的制作过程，其主要通过【钢笔工具】绘制曲线路径，再运用【画笔】调板制作出粒子特效，如图3-103所示。

练习要点

● 钢笔工具
● 椭圆选框工具
● 橡皮擦工具
● 描边命令
● 画笔调板

图3-103　梦幻粒子效果

操作步骤:

STEP|01 抠选和填充。打开配套光盘的素材图片,提取人物,反选,新建背景图层并填充颜色,如图3-104所示。

图3-104 抠选和填充

STEP|02 调整图像及绘制选区和路径。执行【图像】|【调整】|【亮度/对比度】,新建图层,使用椭圆选框工具 ◯ 绘制选区,右击设置羽化半径,填充颜色。使用钢笔工具 ✐ 绘制路径,如图3-105所示。

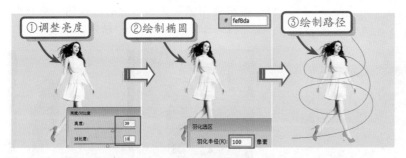

图3-105 调整图像及绘制选区和路径

STEP|03 设置参数和描边路径。新建图层。选择画笔工具 ✐ ,按F5,设置调板中的各项参数,右击路径,描边路径。为其添加外发光。添加文字,如图3-106所示。

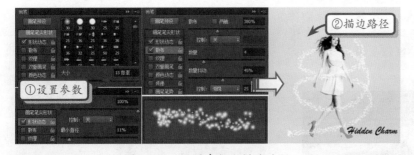

图3-106 设置参数和描边路径

3.9 高手训练营

练习1. 替换背景

为照片更换背景,是摄影后期很常见的一种处理照片的方式。通过使用钢笔工具 ✐ 在复杂背景中创建选区,提取人物,然后拖至另一个背景,进而完成背景的替换。制作过程中注意钢笔工具 ✐ 的使用方法,如图3-107所示。

图3-107　更换背景

练习2．制作桌面壁纸

说到电脑桌面，我们最熟悉不过了。还在从网上搜索电脑桌面吗？让我们利用钢笔路径制作"藤蔓"、自定义路径工具制作"叶子"，进而做出藤蔓爬墙的桌面。通过本练习，更好地掌握钢笔路径以及自定义路径工具的使用方法，同时举一反三，熟练运用，如图3-108所示。

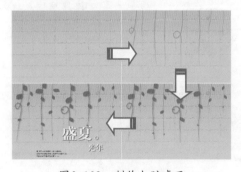

图3-108　制作电脑桌面

练习3．制作逼真羽毛

一提到羽毛，给人的第一感觉是轻盈、洁白、纯净以及高贵等。本练习通过钢笔工具绘制图形，在图形的基础上编辑，最终制作出羽毛的效果。通过本练习的学习，使读者进一步了解钢笔工具的功能以及相关属性，如图3-109所示。

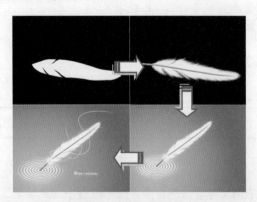

图3-109　制作羽毛

练习4．制作邮票

现在虽然写信用邮票的不多了，但收集邮票的人却越来越多。本练习主要讲述邮票的制作过程，绘制过程中主要使用椭圆工具等绘制邮票的边界效果，如图3-110所示。

图3-110　制作邮票

练习5．制作撕边画框

本练习为为图像添加个性边框，该案例通过魔棒工具创建选区，然后反向选择人物，进而通过【合并拷贝】、【粘贴】命令，结合移动工具将图像放置到合适的边框内，从而得到有个性的图像，如图3-111所示。

图3-111　个性边框

练习6．快速提取图像

对于背景较为简单的复杂图像来说，选取工具与【调整边缘】命令相结合，即可快速地进行提取。方法是：使用磁性套索工具在老鹰边缘建立大概轮廓选区后，单击工具选项栏中的【调整边缘】按钮，在弹出的【调整边缘】对话框中，使用调整半径工具在选区边缘进行涂抹，从而删除老鹰羽毛中的背景图像，得到老鹰的完整提取，如图3-112所示。

图3-112　提取背景

练习7. 制作削皮效果

在Photoshop中，削皮主要表现物体的轮廓，本练习主要运用了钢笔工具、保存路径等操作来实现，如图3-113所示。

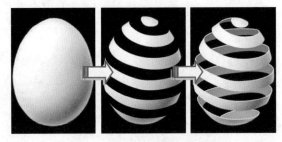

图3-113　制作削皮效果

练习8. 绘制油漆桶

油漆桶是大家常见的物件，本练习将在Photoshop中运用钢笔工具✎绘制形状、渐变工具▣调整填充，通过描边路经修饰边缘，调节图层透明度制作配合主体物的投影，及运用变换命令调出透视关系，添加文字完成制作，如图3-114所示。

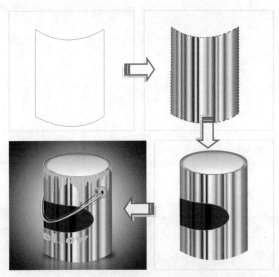

图3-114　绘制油漆桶

练习9. 几何素描

在Photoshop中，基本图形是制作任何复杂图形的最基本元素。它主要包括钢笔工具、矩形工具、多边形工具等。使用它们可以绘制最基本的图形形状，还可以通过对图形的编辑，变成符合绘图所需的任意形状。当赋予图形不同明暗程度的颜色后，所绘制的图形会呈现立体感，如图3-115所示。

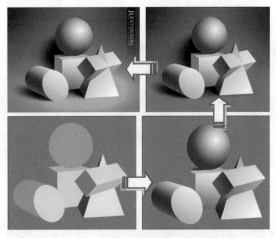

图3-115　几何素描

练习10. 绘制鼠标

制作本练习，首先需要使用钢笔工具✎结合【路径】调板、【拾色器】对各部分填充颜色，使其具有最初的轮廓。然后使用加深、减淡工具、橡皮擦工具完成鼠标的绘制。在绘制本练习的过程中，重点在于使用加深、减淡工具表现图像的立体效果，如图3-116所示。

图3-116　绘制鼠标

第4章　绘制与修复图像

　　Photoshop在绘制与修复图像领域是远胜同类的，其功能十分强大。绘图与修复是Photoshop的基本功能，针对其功能的工具也是十分丰富的，每种工具都具有独特的绘制特点。只有熟练掌握每个工具的使用方法和绘制技巧，才能编辑出完美的图像。

　　在Photoshop中，绘制与修复图像除了能够使用画笔工具外，还可以使用填充工具、颜色替换工具、修复与减淡加深工具、模糊与锐化、海绵与涂抹工具等，只有灵活运用不同类型的工具，才能够绘制出出色的作品。

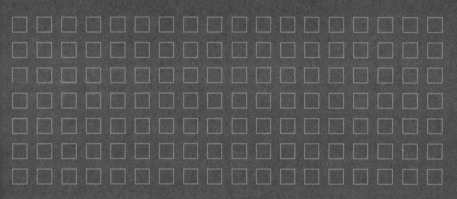

4.1 绘制图像

Photoshop中的绘制工具丰富，包括画笔与铅笔工具、编辑画笔与擦除工具、渐变工具、历史记录画笔等，只有熟练掌握每个工具的使用方法和绘制技巧，才能编辑出完美的图像。

4.1.1 画笔与铅笔工具

Photoshop中的主要绘制工具为画笔和铅笔工具，它们是学习其他绘制工具的前提。

1. 画笔工具 》》》》

画笔工具 ✐ 在画布中可以根据前景色的颜色绘制所需要的图像。选择工具箱中的画笔工具 ✐ 后，即可像使用真正的画笔在纸上作画一样，在画布或者图像上进行涂抹。

1）画笔类型

画笔根据笔触类型，可以分为三种。第一种为硬边画笔，此类画笔绘制的线条边缘清晰；第二种为软边画笔，此类画笔绘制的线条具有柔和的边缘和过渡效果；第三种画笔为不规则画笔，此类画笔可以产生类似于喷发、喷射或爆炸等不规则形状，如图4-1所示。

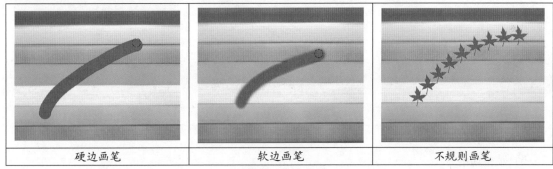

| 硬边画笔 | 软边画笔 | 不规则画笔 |

图4-1 画笔类型

2）绘画模式

在工具选项栏中设置【绘画模式】选项，绘画模式的颜色与下面的现有像素混合，可以产生一种混合模式，如图4-2所示。

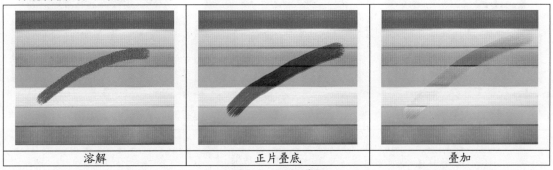

| 溶解 | 正片叠底 | 叠加 |

图4-2 绘画模式

3）不透明度

【不透明度】选项是指绘图应用颜色与原有底色的显示程度，在【不透明度】选项中，可以设置从1~100的整数决定不透明度的深浅，或者单击下拉列表框右侧的小三角按钮，拖动滑块进行调整，或者直接在文本框中输入数值，如图4-3所示。

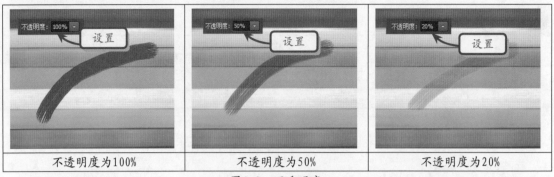

| 不透明度为100% | 不透明度为50% | 不透明度为20% |

图4-3　不透明度

4）画笔流量

流量是当将指针移动到某个区域上方时应用颜色的速率。在某个区域上方进行绘画时，如果按住鼠标不放，那么颜色量将根据流动速率增大，直至达到不透明度设置，如图4-4所示。

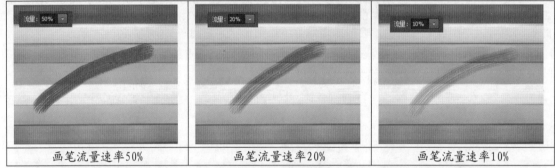

| 画笔流量速率50% | 画笔流量速率20% | 画笔流量速率10% |

图4-4　画笔流量

5）喷枪功能

在工具栏上单击【启用喷枪模式】按钮，喷枪功能可以控制画笔的颜料数量，将指针移动到某个区域上方时，如果单击鼠标不放，颜料量将会增加。其中，画笔硬度、不透明度和流量选项可以控制应用颜料的速度和数量，如图4-5所示。

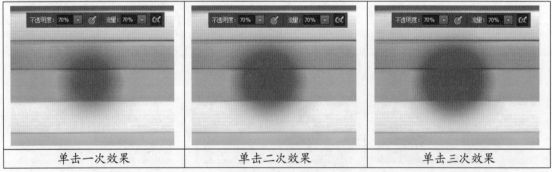

| 单击一次效果 | 单击二次效果 | 单击三次效果 |

图4-5　喷枪功能

6）使用画笔

使用画笔工具可以快速绘制一条直线，也可以绘制其他各种各样的形状，其操作非常简单，设置好各项参数后，单击并拖动鼠标即可。也可以按Shift键，找到一个起点，然后在文档中选择一个终点单击连接成直线。

2．铅笔工具 >>>>

铅笔工具 ✐ 绘制的图形边缘比较僵硬，常用来画一些棱角突出的线条。如同平常使用铅笔绘制图形一样，它的使用方法与【画笔工具】类似，不同的是铅笔工具不能设置笔触的硬度，如图4-6所示。

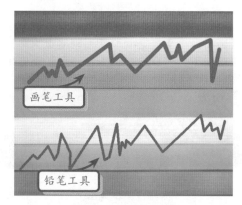

图4-6　画笔与铅笔

提示

在选择画笔工具 ✐ 时，选择Alt键的同时，单击工具箱中的画笔工具 ✐ 图标，可以在画笔工具 ✐、铅笔工具 ✐、颜色替换工具 ✐、混合器画笔 ✐ 之间来回切换。

在铅笔工具 ✐ 的工具选项栏中，【自动涂抹】选项允许用户在包含前景色的区域中绘制背景色。当开始拖动时，如果光标的中心在前景色上，则该区域将抹成背景色，如图4-7所示。

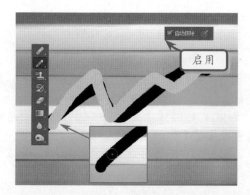

图4-7　自动涂抹

当开始拖移时，如果光标的中心在前景色上，则该区域将抹成背景色。如果在开始拖移时光标的中心在不包含前景色的区域上，则该区域将被绘制前景色，如图4-8所示。

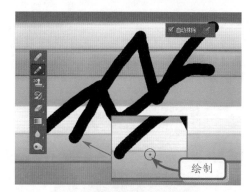

图4-8　自动涂抹

用铅笔工具绘画时，不能使用柔和边缘的画笔，因为铅笔所绘制的线条全部都是硬边的。因此，铅笔经常用于制作像素画，如图4-9所示。

图4-9　铅笔绘画效果

提示

铅笔工具可以绘制一些非常漂亮的线状纹理，也可以用铅笔工具绘制像素画，还可以用铅笔工具来绘制一些图形应用到手机游戏当中。

4.1.2　编辑画笔与擦除工具

4.1.1节讲述了画笔工具与铅笔工具的使用，那么本节，我们来学习进一步编辑画笔与擦除工具。熟练了绘制图像后，必定要根据不同的要求编辑不同的画笔，并及时对错误的地方进行纠正，所以要好好掌握本节所述内容，不断提高编辑效率，才能编辑出完美的图像。

1．编辑画笔 >>>>

在使用画笔工具 ✐ 绘制图形的过程中，仅仅使用画笔的不透明度、流量、大小等参数设置是远远不能满足绘画要求的。这时可以通过设置【画笔】面板中的选项，来达到要求的效果。

1）【画笔】面板

当选择画笔工具 后，在工具选项栏中单击【切换画笔面板】按钮 ，即可弹出【画笔】面板，如图4-10所示。

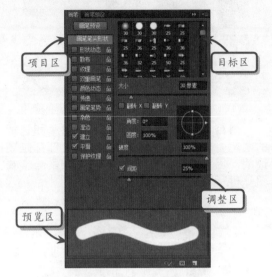

图4-10　画笔面板

2）画笔笔尖形状

画笔笔尖选项可以与选项栏中的设置一起控制应用颜色的方式，并使用各种动态画笔、不同的混合属性和形状不同的画笔来应用颜色。

单击面板左侧的【画笔笔尖形状】选项，面板右侧显示相应的参数。

（1）翻转：在【画笔笔尖形状】选项右侧的调整区中，【翻转X】选项为水平翻转，【翻转Y】选项为垂直翻转。分别启用或者同时启用，其效果各不相同。

（2）设置角度参数：【角度】选项是指定椭圆画笔或样本画笔的长轴从水平方向旋转的角度。随着参数的变化，画笔会呈现出不同的效果。

（3）设置圆度：【圆度】选项是指定画笔短轴和长轴之间的比率。100%表示圆形画笔，0%表示线性画笔，介于两者之间的值表示椭圆画笔。

（4）设置间距参数：设置间距的百分比，从而改变笔触之间的距离，数值在1%～1000%之间设置。

3）形状动态

【形状动态】选项决定描边中画笔笔迹的变化，该变化中不规则的形状是随机生成的。

（1）渐隐效果：该选项是按指定数量的步长在初始直径和最小直径之间渐隐画笔笔迹的大小。每个步长等于画笔笔尖的一个笔迹，值的范围可以从1～9999，如图4-11所示。

（a）　　　　　　　　（b）

图4-11　渐隐效果

（2）钢笔压力：依据钢笔压力位置在初始直径和最小直径之间改变画笔笔迹大小。选择该选项后，需要设置【大小抖动】参数值，才会显示出效果，如图4-12所示。

（a）　　　　　　　　（b）

图4-12　钢笔压力

（3）角度抖动：该选项是指定描边中画笔笔迹角度的改变方式，其参数范围是1%～100%，如图4-13所示。

（a）　　　　　　　　（b）

图4-13　角度抖动

（4）圆度抖动：该选项是指定画笔笔迹的圆度在描边中的改变方式。

（5）画笔投影：该选项是给画笔添加投影的效果，在启用或禁用时得到的效果如图4-14所示。

（a）禁用　　　　　（b）启用

图4-14　画笔投影

4）散布

【散布】选项主要确定描边中笔迹的数目和位置，会产生将笔触分散开的效果。

（1）散布距离与方向：该选项指定画笔笔迹在描边中的分布方式以及散布的距离。散布随机性的参数值范围是0%～1000%，参数值越大，笔尖距原位置越远，当禁用【两轴】选项时，笔尖垂直于轨迹分布；当启用该选项时，笔尖按径向分布，如图4-15所示。

（a）　　　　　　　　（b）

图4-15　散布距离与方向

（2）数量：该选项指定在每个间距间隔应用的画笔笔迹数量，其参数值范围是1~16，如图4-16所示。

（a）　　　　　　　（b）

图4-16　笔尖数量

（3）数量抖动：该选项指定画笔笔迹的数量如何针对各种间距间隔而变，其参数值范围是0%~100%，如图4-17所示。

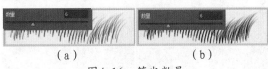

（a）　　　　　　　（b）

图4-17　数量抖动

5）纹理

纹理画笔利用图案使描边看起来像是在带纹理的画布上绘制的一样。启用面板左侧的【纹理】选项，即可改变笔尖的显示效果，如图4-18所示。

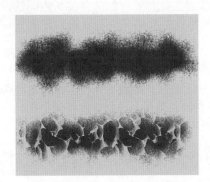

图4-18　纹理效果

> **提示**
>
> 启用【纹理】选项后，还可以通过右侧的各个选项，来设置图案在笔尖中显示的效果。

6）双重画笔

双重画笔组合两个笔尖来创建画笔笔迹。将在主画笔的画笔描边内应用第二个画笔纹理，并且仅绘制两个画笔描边的交叉区域。

方法是：选择一个笔尖形状后，启用面板右侧的【双重画笔】选项，在右侧选取器中选择一种笔尖形状后，两种笔尖形状重合，如图4-19所示。

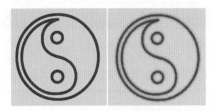

图4-19　双重画笔

2. 擦除工具 ▶▶▶▶

在绘制图像过程中，难免会出现错误，此时就可以运用橡皮工具对图像进行修改。橡皮工具主要有三种类型，在使用每一种类型的橡皮工具时，最关键是要不断地调整其选项，以便修改出不同的特殊效果。

1）橡皮擦工具

橡皮擦工具 可以更改图像中的像素。如果在背景图层锁定的情况下进行工作，那么使用橡皮擦工具 擦除后将填充为背景色，如图4-20所示。

图4-20　橡皮擦工具

如果图层为普通图层，则橡皮擦擦除后为透明像素，使用橡皮擦工具 将"图层1"部分区域擦除为透明像素的效果，如图4-21所示。

图4-21　橡皮擦工具

提示

在橡皮擦工具选项栏【模式】下拉列表中，可以选择【画笔】、【铅笔】和【方块】选项，同样可以更改擦除的【不透明度】以及【流量】百分比。

2）背景橡皮擦工具

背景橡皮擦工具 可以将图层上的像素抹成透明，从而可以在抹除背景的同时在前景中保留对象的边缘。在工具选项栏中打开【画笔预设】选取器，在选取器中，用户可以设置画笔的【直径】、【硬度】、【间距】、【角度】和【圆度】等参数，如图4-22所示。

图4-22　背景橡皮擦工具

在背景橡皮擦工具 选项栏中，当用户启用【保护前景色】复选框后，在擦除图像时，与用户所设置的【前景色】颜色相同的将不被擦除，如图4-23所示。

图4-23　背景橡皮擦工具

3）魔术橡皮擦工具

在图层中单击魔术橡皮擦工具 时，该工具会自动更改所有相似的像素，将其擦除为透明，如图4-24所示。

图4-24　魔术橡皮擦工具

4.1.3　渐变工具与历史记录画笔

4.1.2节讲述了编辑画笔与擦除工具，那么本节，我们来学习渐变工具与历史记录画笔。在我们完成图像后，就要对画面进行填充，使其图像色彩和表达更为丰富。而历史记录画笔是将一个图像状态或快照的副本绘制到当前图像窗口中，能不断提高编辑效率，编辑出完美的图像。

1．渐变工具 ▶▶▶▶

渐变工具 可以创建多种颜色间的逐渐混合。从预设渐变填充中选取或创建渐变，将颜色应用于大块区域中。

1）渐变样式

选择渐变工具 后，在工具选项栏中包括5种渐变样式图标。分别单击不同的图标，可以创建相应的渐变样式，如图4-25所示。

（1）**线性渐变** ：在所选择的开始和结束位置之间，产生一定范围内的线性颜色渐变。

（2）**径向渐变** ：在中心点产生同心的渐变色带。拖动的起始点定义在颜色的中心点，释放鼠标的位置定义在颜色的边缘。

（3）**角度渐变** ：根据鼠标的拖动，顺时针产生渐变的颜色。这种样式通常称为锥形渐变。

（4）**对称渐变** ：由起始点到终止点创建渐变时，对称渐变会以起始点为中线再向反方向创建渐变。

（5）**菱形渐变** ：创建一系列的同心钻石状（如果进行垂直或水平拖动）或同心方状（如果进行交叉拖动）渐变，其工作原理和【径向渐变】相同。

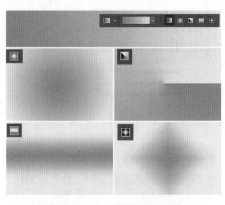

图4-25 渐变样式

2)创建渐变

在默认情况下,选择渐变工具█后,在画布中单击并拖动鼠标,建立的是默认【前景色】与【背景色】之间的渐变。要想改变渐变颜色,需要打开【渐变编辑器】对话框进行编辑。

（1）创建双色渐变

单击工具选项栏中的渐变条,打开【渐变编辑器】对话框。其渐变条显示的是默认的【前景色】与【背景色】的颜色渐变。

单击并选中渐变条左下角的色标,单击【颜色】色块,打开【选择色标颜色】拾色器。选择一种颜色后,关闭该拾色器,更改色标的颜色,即可得到不同颜色的双色渐变,如图4-26所示。

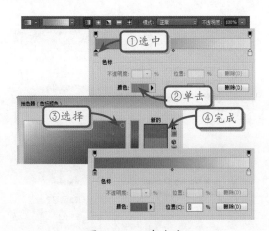

图4-26 双色渐变

（2）创建多色渐变

要想创建多色渐变,可以在【渐变编辑器】对话框的渐变条下方单击,添加色标。然后更改色标颜色后,单击并拖动该色标,确定其位置。

（3）创建透明渐变

无论是双色渐变,还是多色渐变,均能够设置为透明渐变。只要选中渐变条上方的透明色标,即可设置透明色标的【不透明度】与【位置】参数值,得到透明渐变,如图4-27所示。

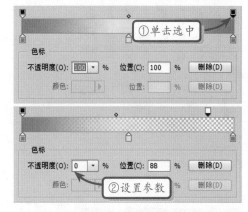

图4-27 透明渐变

提示

要想为每一个色标添加透明色标,可以单击渐变条上方,添加透明色标并设置。

3)编辑渐变颜色

在【渐变编辑器】对话框中,包含一个预设渐变样式。单击其中的任一色块,均能够创建或者再编辑该预设渐变颜色。

（1）新建预设渐变

当在渐变条中完成颜色设置后,单击对话框中的【新建】按钮,即可将该渐变颜色保存至预设渐变区域内,如图4-28所示。

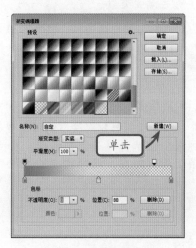

图4-28 预设渐变

（2）删除渐变颜色

在【预设】选项区域内，还可以将预设渐变删除。方法是：右击某个预设渐变，选择【删除渐变】命令即可，如图4-29所示。

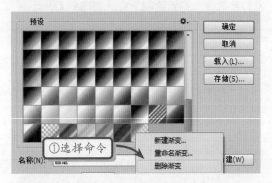

（a）

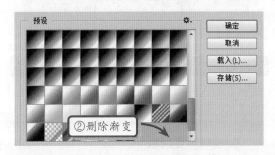

（b）

图4-29　删除渐变

提示

透明色标的删除方法，与色标的删除方法相同只要单击并向外拖动即可。

4）杂色渐变类型

渐变类型主要包括两种，分别为【实底】与【杂色】渐变。以上内容均是以【实底】渐变为基础，介绍【渐变编辑器】中的选项设置。下面将详细介绍【杂色】渐变的设置方法。

（1）选择杂色渐变

在【渐变编辑器】对话框的【渐变类型】下拉列表中，选择【杂色】选项，即可看到渐变条上没有色标，取而代之的是颜色模型选项。共有三种选项，即RGB、HSB和LAB，如图4-30所示。

（a）RGB

（b）HSB

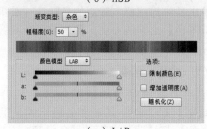

（c）LAB

图4-30　杂色

（2）调整杂色渐变

选择不同的【颜色模式】选项，可以通过调整滑杆上的滑块来改变，如图4-31所示。

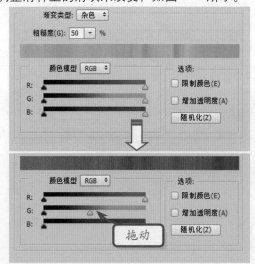

图4-31　颜色模式

2．历史记录画笔 ▶▶▶▶

历史记录画笔工具 可以将一个图像状态或快照的副本绘制到当前图像窗口中。该工具创建图像的复制或样本，然后用它来绘画。

1）历史记录画笔工具

打开一张素材图片，并对其执行【染色玻璃】滤镜效果。然后打开【历史记录】面板，选择要返回的步骤。最后使用历史记录画笔工具 将其恢复到打开的初始状态，如图4-32所示。

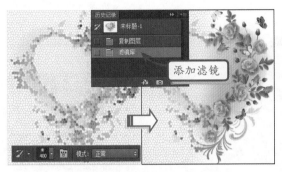

图4-32　历史记录画笔工具

2）历史记录艺术画笔工具

历史记录艺术画笔工具 指定历史记录状态或快照中的源数据，以风格化描边进行绘画。通过尝试使用不同的绘画样式、大小和容差选项，可以用不同的色彩和艺术风格模拟绘画的纹理，如图4-33所示。

图4-33　历史记录艺术画笔工具

像历史记录画笔工具 一样，历史记录艺术画笔工具 也将指定的历史记录状态或快照用作源数据。但是，历史记录画笔通过重新创建指定的源数据来绘画，而历史记录艺术画笔 在使用这些数据的同时，还可以创建不同的颜色，以及艺术风格设置的选项，如图4-34所示。

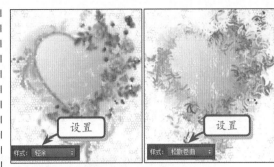

图4-34　历史记录艺术画笔

3）填充工具

油漆桶工具 是进行单色填充和图案填充的专用工具，与【填充】命令相似。方法是，选择油漆桶工具 后，在工具选项栏中，选择【填充区域的源】选项，如图4-35所示。

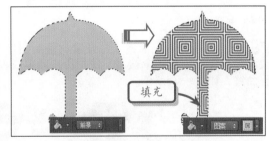

图4-35　油漆桶工具

当启用工具选项栏中的【所有图层】选项后，可以编辑多个图层中的图像；禁用该选项后，只能编辑当前的工作图层，如图4-36所示。

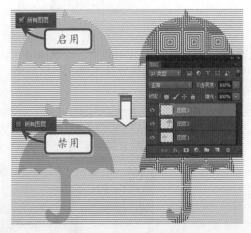

图4-36　所有图层选项

4.2 案例实战：绘制睫毛

长长的睫毛是每个女人所向往的美,在现实中不可能那么完美,但借助Photoshop的强大功能将轻松实现美梦,本案例主要使用的是【画笔描边路径】,使用【钢笔工具】🖋绘制出眼睫毛路径,使用描边,设置画笔的大小和大小抖动,最终选择【形状动态】复选框,使眼睫毛有粗细变化,如图4-37所示。

练习要点

- 画笔调整
- 高斯模糊
- 历史画笔
- 创建快照

图4-37　绘制效果

操作步骤:

STEP|01 滤镜和调整曲线。打开素材复制图像,执行【滤镜】|【模糊】|【高斯模糊】创建一个快照,使用历史画笔在没模糊前的图像上涂抹,调整曲线,如图4-38所示。

提示

打开【历史记录】面板,单击【创建新快照】📷,出现"快照1"。选择历史记录画笔工具🖋,在"快照1"前面单击,使其出现【设置历史记录画笔源】图标🖋。然后选择"人物副本",显示没有【高斯模糊】之前的图像,在上面涂抹。

在选择原图像的快照时,【设置历史记录画笔源】图标🖋必须在"快照1"上,否则做不出效果。

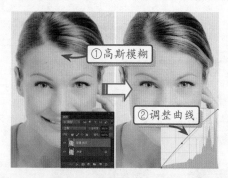

①高斯模糊
②调整曲线

图4-38　滤镜和调整曲线

STEP|02 调整画笔和绘制睫毛。新建图层,选择【画笔工具】,按F5键弹出画笔调整面板,设置各项参数。设置前景色为黑色,在人物眼部绘制睫毛,如图4-39所示。

提示

在绘制睫毛的过程中要注意不断地调整画笔的大小和方向。

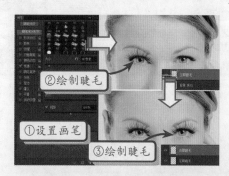

②绘制睫毛
①设置画笔
③绘制睫毛

图4-39　调整画笔和绘制睫毛

STEP|03 调整细节。绘制完成后使用【加深工具】 ⬤ 和【减淡工具】 🔍 工具做细节调整，使用【模糊工具】擦拭睫毛根部，使睫毛看起来更自然。

4.3 案例实战：制作绚烂星空

广告中的背景往往不是现实中所营造出来的，不过在Photoshop中使用【渐变工具】便能做出一个广告的背景，其中渐变做出主体背景，如图4-40所示。

图4-40 绘制效果

操作步骤：

STEP|01 打开素材、设置渐变和拉出渐变。打开素材文件，创建新的图层，选择渐变工具 🔲，设置渐变如图4-41所示，移动鼠标斜拉渐变。

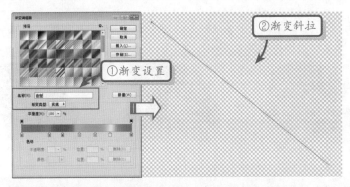

②渐变斜拉

①渐变设置

图4-41 打开素材、设置渐变和拉出渐变

STEP|02 调整图层位置和显示方式。将前景色设置为白色，选择菱形渐变，在右上角拉出一个星形渐变装饰。执行【滤镜】|【渲染】|【镜头光晕】命令，如图4-42所示。

①调整位置

②设置方式

图4-42 调整图层位置和显示方式

4.4 修复图像

修复图像是Photoshop软件的最强大的功能之一，有着丰富的修复工具，包括颜色替换工具与仿制图章工具、修复工具与减淡加深工具、模糊与锐化工具、海绵与涂抹工具，每种工具都具有独特的绘制特点，只有熟练掌握每个工具的使用方法和绘制技巧，才能修复出完美的图像。

4.4.1 颜色替换工具与仿制图章工具

本节我们学习颜色替换工具与仿制图章工具，颜色替换工具能够对图像中的局部颜色进行快速替换，并且能够替换多个颜色，而仿制图章工具是利用图章工具进行绘画，两种工具都具有独特的绘制特点。

1.颜色替换工具 >>>

【颜色替换工具】能够对图像中的局部颜色进行快速替换，并且能够替换多个颜色。选择该工具后，能够使用前景色在目标颜色上绘画，如图4-43所示。

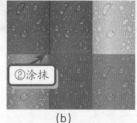

(a)　　　　　　　　　　(b)　　　　　　　　　　(c)

图4-43　颜色替换工具效果

工具选项栏中的【绘画模式】下拉列表中，包括4种混合模式。通常混合模式设置为"颜色"，因为颜色模式比较好掌握，效果也最明显，如图4-44所示。

| 色相 | 饱和度 | 颜色 | 明度 |

图4-44　混合模式

选择【颜色替换工具】后，通过在选项栏中设置取样方式，替换不同的颜色。其中取样的方式不同，效果差别会很大，如图4-45所示。

(1)【取样：连续】：在拖动时连续对颜色取样。

(2)【取样：一次】：只替换包含第一次单击颜色区域中的目标颜色。

(3)【取样：背景色板】：只替换包含当前背景色的区域。

| 原图 | 取样：连续 | 取样：一次 | 取样：背景色板 |

图4-45　取样效果

【限制】选项可以指定以哪种方式进行绘画：

(1)【不连续】选项是替换出现在指针下任何位置的样本颜色。

(2)【连续】选项是替换紧挨在指针下的颜色邻近色。

(3)【查找边缘】选项是替换包含样本颜色的连接区域，同时更好地保留形状边缘的锐化程度。

2. 仿制图章工具 ▶▶▶

在修复图像工具中，【仿制图章工具】🖈和【图案图章工具】🖈都是利用图章工具进行绘画。其中，前者是利用图像中某一特定区域进行操作；后者是利用图案进行操作。

1. 仿制图章工具

【仿制图章工具】🖈类似于一个带有扫描和复印作用的多功能工具，它能够按涂抹的范围复制全部或者部分到一个新的图像中，它可创建出与原图像完全相同的图像，如图4-46所示。

图4-46　仿制图章工具

然后将光标指向其他区域时，光标中会显示取样的图像。进行涂抹时，能够按照取样源的图像进行复制图像，如图4-47所示。

图4-47　涂抹效果

当画布中存在两个或者两个以上图层，且工具选项栏中的设置【样本】选项为"当前图层"时，只能够提取当前图层中的图像，如图4-48所示。

图4-48　设置【样本】选项

而在涂抹时，只会复制当前图层中的图像，当前以外的图像不会被复制，如图4-49所示。

图4-49　设置【样本】选项

如果设置【样本】选项为【所有图层】，即使在相同的位置进行取样，也是按照整个画布中的图像进行复制，如图4-50所示。

②涂抹

①选择

样本: 所有图层

图4-50　设置【样本】选项

　　工具选项栏中的【对齐】选项用来控制像素取样的连续性。启用该选项后，即使释放鼠标按钮，也不会丢失当前取样点，可以连续对像素进行取样，如图4-51所示。

图4-51　设置【对齐】选项

2)【仿制源】面板

　　【仿制源】面板具有用于仿制图章工具，或修复画笔工具的选项。通过面板选项设置，可以设置5个不同的样本源并快速选择所需的样本源，而不用在每次需要更改为不同的样本源时重新取样，如图4-52所示。

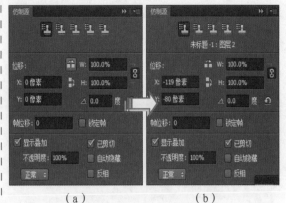

（a）　　　　　　（b）

图4-52　【仿制源】面板

　　接着启用第二个【仿制源】选项，为其他图像进行取样，从而显示该样本所在文档以及图层的名称，如图4-53所示。

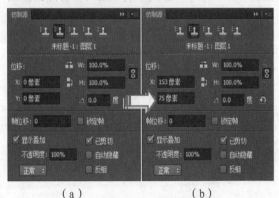

（a）　　　　　　（b）

图4-53　启用第二个【仿制源】

3. 图案图章工具 ▶▶▶▶

　　【图案图章工具】可使用图案进行绘画。可以从图案库中选择图案或者自己创建图案，如图4-54所示。

①设置

②涂抹

图4-54　图案图章工具

　　在【图案图章工具】选项栏中启用【印象派效果】选项后，可使仿制的图案产生涂抹混合的效果，如图4-55所示。

①启用

②涂抹

图4-55 启用【印象派效果】

4.4.2 修复工具与减淡加深工具

本节我们学习修复工具与减淡加深工具，修复工具具有一个共同点，就是把样本像素的纹理、光照、透明度和阴影与所修复的像素相匹配。而使用复制的方法或使用仿制图章工具，则不能实现该效果。减淡加深工具是在图像原有的基础上将局部进行减淡颜色或加深其色彩而编辑图像。

1．修复工具 >>>

修复工具组中包括【污点修复画笔工具】、【修复画笔工具】、【修补工具】、【内容感知移动工具】和【红眼工具】。

1）修复画笔工具

【修复画笔工具】用于修正图像中的瑕疵，使它们融入周围的图像中。该工具同【污点修复画笔工具】不同的是要先定义图像中的样本像素，然后将样本像素的纹理、光照、透明度和阴影与所修复的像素进行匹配，如图4-56所示。

图4-56 修复画笔工具

在【修复画笔工具】选项栏【模式】下拉列表中，用户可以选择混合模式。例如选取【正片叠底】选项，可以保留画笔描边的边缘处的杂色、胶片颗粒和纹理，如图4-57所示。

图4-57 正片叠底

在工具选项栏中还可以选取用于修复像素的来源：【取样】可以使用当前图像的像素，而【图案】可以使用某个图案的像素。

2）修补工具

【修补工具】在修补图像时，需要首先创建选区，通过调整选区图像实现修补效果。方法是：选择该工具后，启用工具选项栏中的【源】选项。在瑕疵区域建立选区后，单击并拖动选区至完好区域。释放鼠标后，原来选中的区域被指向的区域像素替换，如图4-58所示。

图4-58 修补工具

如果启用选项栏中的【目标】选项，就要实施相反的操作，先在图像中找一个"干净"的区域建立选区，然后像打补丁一样拖动选区到有"污渍的部分"覆盖该区域。

当禁用【透明】选项时，会用目标样本修复源样本；要是启用选项栏中的选项，会使源对象与目标图像生成混合图像，如图4-59所示。

图4-59　【透明】选项

3）内容感知移动工具

【内容感知移动工具】只是将平时常用的通过图层和图章工具修改照片内容的形式给予了最大的简化，在实际操作时只需通过简单的选区然后通过简单的移动便可以将景物的位置随意更改，这一点是以往任何版本Photoshop不具备的优势。所以合理地利用好【内容感知移动工具】可以大大提高照片编辑的效率，如图4-60所示。

图4-60　内容感知移动工具

4）红眼工具

【红眼工具】 可以去除闪光灯拍摄的人物照片中的红眼。它的工作原理是去除图像中的红色像素。它不但可以去除百分百的红色，而且只要图像中存在红色像素，使用【红眼工具】 就可以将该图像中一定范围的红色去除。

【红眼工具】 的使用方法非常简单，打开一张红眼图片，并选择该工具。将光标移动至红眼区域，单击鼠标即可消除红眼现象，如图4-61所示。

图4-61　红眼工具

在该工具的选项栏中，【瞳孔大小】参数栏可增大或减小受红眼工具影响的区域；【变暗量】参数栏用于设置校正的暗度。

注意

> 红眼是由于相机闪光灯在主体视网膜上反光引起的。在光线暗淡的房间里照相时，由于主体的虹膜张开得很宽，将会更加频繁地看到红眼。为了避免红眼，可以使用相机的红眼消除功能。或者最好使用可安装在相机上远离相机镜头位置的独立闪光装置。

5）污点修复画笔工具

【污点修复画笔工具】 可以快速移去照片中的污点和其他不理想部分。它使用图像或图案中的样本像素进行绘画，并将样本像素的纹理、光照、透明度和阴影与所修复的像素相匹配，并自动从所修饰区域的周围取样，如图4-62所示。

图4-62　污点修复画笔工具

在该工具选项栏的【模式】下拉表框中，选择【替换】选项，可以在使用柔边画笔时，保留画笔描边边缘处的杂色、胶片颗粒和纹理效果。另外通过设置【类型】选项，可控制修复后的图像效果。

（1）**近似匹配**：使用选区边缘周围的像素，找到要用作修补的区域。

（2）**创建纹理**：使用选区中的像素创建纹理。

（3）**内容识别**：比较附近的图像内容，不留痕迹地填充选区，同时保留让图像栩栩如生的关键细节，如阴影和对象边缘。

> **提示**
>
> 在选项栏中启用【对所有图层取样】复选框可以在所有可见图层中对数据进行取样。禁用【对所有图层取样】，则只从当前图层中取样。

2．减淡加深工具 ▶▶▶▶

【减淡工具】 和【加深工具】 是一组对立的工具，它们基于用于调节照片特定区域曝光度的传统摄影技术，可使图像区域变亮或变暗。

1）减淡工具

【减淡工具】 主要是改变图像部分区域的曝光度，使图像变亮，如图4-63所示。

图4-63 减淡工具

选项栏中的【范围】下拉列表中，包括【阴影】、【中间调】和【高光】三个子选项。选择不同的【范围】选项，会得到不同程度的减淡效果。其中，【阴影】范围中的减淡效果最不明显，如图4-64所示。

（1）**阴影**：更改暗区域。

（2）**中间调**：更改灰色的中间范围。

（3）**高光**：更改亮区域。

图4-64 【范围】选项

当单击【喷枪】按钮 对图像进行减淡时，在没有释放鼠标之前会一直工作。如果禁用该功能，则单击只能工作一次，如图4-65所示。

> **提示**
>
> 喷枪功能根据钢笔拇指轮的位置而变化。

图4-65 【喷枪】按钮

【保护色调】选项能够以最小化阴影和高光中的修剪。该选项还可以防止颜色发生色相偏移，如图4-66所示。

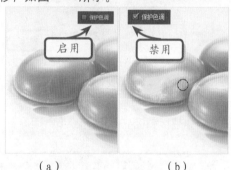

（a） （b）

图4-66 保护色调

2）加深工具

【加深工具】 同样是改变图像部分区域的曝光度，但是它与【减淡工具】 刚好相反。通过【加深工具】 的处理，可以使图像变暗，如图4-67所示。

（a） （b）

图4-67 加深工具

【加深工具】 选项栏与【减淡工具】 选项栏完全一样，只是两者的效果完全相反。

4.4.3 模糊与锐化工具

在处理图像时，为了主次分明会使主题图像更加清晰，而背景图像相对模糊。这时就可以使用工具箱中的【模糊工具】◙和【锐化工具】▲。读者只有熟练掌握每个工具的使用方法和绘制技巧，才能编辑出完美的图像。

1．模糊工具 ►►►►

【模糊工具】◙可以柔化硬边缘或减少图像中的细节。它的工作原理是降低图像相邻像素之间的反差，使图像的边界区域变得柔和，产生一种模糊的效果，如图4-68所示。

图4-68 模糊工具

在该工具的选项栏中，启用【对所有图层取样】选项后，可以对所有可见图层中的图像进行模糊处理，如图4-69所示。

图4-69 启用【对所有图层取样】选项

如果禁用该选项，那么，只能模糊当前图层中的图像，如图4-70所示。

图4-70 禁用【对所有图层取样】选项

技巧

【模糊工具】选项栏中的【绘画模式】和【强度】选项，分别用来设置模糊的效果与模糊程度。

2．锐化工具 ►►►►

【锐化工具】▲可增强图像边缘的对比度，以加强外观上的锐化效果。该工具与【模糊工具】◙相同，在同一位置上方绘制的次数越多，增强的锐化效果就越明显。

【锐化工具】▲并不能使模糊的图像变得清晰，它只能在一定程度上恢复图像的清晰度。因为图像在第一次的模糊之后，像素已经重新分布，原本不同颜色之间互相融入形成新颜色，而不可能再从中分离出原先的各种颜色，如图4-71所示。

图4-71 锐化工具

4.4.4 海绵与涂抹工具

【海绵工具】▣可以精确地改变图像局部的色彩饱和度。在处理图像时，有时需要改变局部色彩，就不得不用到【海绵】工具了，而【涂抹工具】是对局部形态的改变，总的来说，这两种工具都是针对局部编辑使用的。

1．海绵工具 ▶▶▶

当选择【海绵工具】▣后，在工具选项栏中设置【绘画模式】为【饱和】，如图4-72所示。

图4-72 海绵工具

如果设置【绘画模式】为【降低饱和度】，那么可减少图像的饱和度，甚至使图像变成灰色，如图4-73所示。

图4-73 绘画模式

2．涂抹工具 ▶▶▶

【涂抹工具】▣模拟将手指拖过湿油漆时所看到的效果，它可拾取描边开始位置的颜色，并沿拖动的方向展开这种颜色，如图4-74所示。

图4-74 涂抹工具

该工具的选项栏中有【手指绘画】选项，它可将前景色添加到每次涂抹处。禁用该选项后，该工具会使用每次涂抹处指针所指的颜色进行绘制，如图4-75所示。

图4-75 【手指绘画】选项

> **技巧**
>
> 【涂抹工具】▣选项栏中的选项，除【手指绘画】选项外，其他选项与【模糊工具】◍相同。

4.5 案例实战：修复旧照片

有许多照片是珍藏已久的有纪念意义的老照片，但是总是会泛黄、有破损。本案例利用Photoshop中的修补工具修复旧照片，在保留原图风格的情况下，翻新旧照片，再现当年的飒爽英姿。通过本案例的学习，希望读者可以掌握修复工具的使用方法，如图4-76所示。

图4-76　修复效果

练习要点

- 去色命令
- 修补工具
- 仿制图章工具
- 加深工具
- 涂抹工具

操作步骤：

STEP|01 打开图像和去色命令。打开要修复的图像，执行【图像】|【调整】|【去色】命令，将该图像恢复成黑白图像，如图4-77所示。

提示

照片泛黄是由于长时间的存放不妥当造成的，原来的是黑白照片，所以先去色恢复成黑白图像。

①打开素材　　②去色命令

图4-77　打开图像和去色命令

注意

在操作过程中一定要耐心仔细，尽量小范围地修复，这样才能更接近原貌。

STEP|02 修复脸部。选择【修补工具】，修复图像上的斑点。绘制一个选区，拖移到其他相似的地方，如此反复操作，直至完成效果，如图4-78所示。

提示

背景的涂抹过程

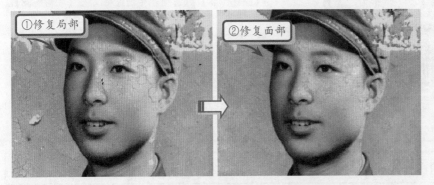

①修复局部　　②修复面部

图4-78　修复脸部

STEP|03 细腻皮肤和衣服背景。选择【仿制图章工具】，设置画笔，在脸上涂抹使皮肤变得细腻。衣服和背景也要涂抹，方法相同，如图4-79所示。

图4-79 细腻皮肤和衣服背景

STEP|04 处理帽子部分。选择【涂抹工具】 ，设置画笔，细致地慢慢涂抹出帽子的形状，如图4-80所示。

图4-80 处理帽子部分

STEP|05 深入刻画衣服和帽子。选择【加深工具】 ，设置画笔对人物的衣服褶皱以及帽子褶皱加深刻画，这样，一副照片基本就翻新完成了，如图4-81所示。

图4-81 深入刻画衣服和帽子

> **提示**
>
> 照片的修复操作很简单，关键是需要耐心和细心去完成。在制作过程中一定要尽量地放大图像，缩小每一步的操作区域。

> **提示**
>
> 衣服的翻新过程：

4.6 案例实战：修饰美女照片

本例制作的是修饰美女脸部的斑点以及眼袋等细节，在制作的过程中，通过利用【修补工具】 ，去除美女脸部的雀斑，再利用【仿制图章工具】 去除眼袋、修饰眼部。最后，修饰脸部的细节，完成美女照片的修饰，如图4-82所示。

图4-82　修饰效果

操作步骤：

STEP|01　打开素材，绘制和修复选区。打开要修饰的照片复制图层，选择【椭圆形选框工具】⬭绘制选区，使用【修补工具】🕮去除人物面部的雀斑，如图4-83所示。

图4-83　打开素材、绘制和修复选区

STEP|02　去除眼袋和皱纹。选择【仿制图章工具】🖋设置画笔，去除眼睛下侧的皱纹、眼袋，分别调整半径大小以选择不同的取样点，如图4-84所示。

图4-84　去除眼袋和皱纹

STEP|03　调整皮肤。如果对美女的皮肤也不满意的话可以使用【模糊工具】💧或高斯模糊命令细腻皮肤，再使用曲线调亮皮肤，如图4-85所示。

图4-85　调整皮肤

4.7 高手训练营

练习1. 魔幻美容术

杂志封面上的模特，皮肤总是细腻地让人羡慕。也许有的人脸上长了雀斑或者有疤痕，在拍照的时候总是很尴尬。Photoshop中的美容术，如利用【历史记录画笔工具】，可以打造完美肌肤。通过本练习的学习，可以了解【历史记录画笔】以及快照的使用方法，如图4-86所示。

图4-86 完美肌肤

提示

因为在经过高斯模糊和整体的曲线调整以后，会有一部分的细节丢失。这里使用 Alt+Ctrl+Shift+2 将人物脸部高光部分载入选区，然后选择【曲线】调亮，使人物脸部明暗对比强烈，增加面部立体感。

练习2. 招贴设计

本练习主要运用定义画笔预设命令，制作房地产招贴设计。运用手绘图案，制作自定义画笔，然后进行再创作，最终完成效果，如图4-87所示。

图4-87 招贴设计

提示

设置前景色为红色、背景色为黑色，使用【渐变工具】对背景图层进行渐变填充。然后，选择制作好的图形，使用【自由变换】命令，对其进行旋转。

练习3. 合影变单人照

现实生活中拍照的时候，总会把不必要的旁人拍在自己的照片里。利用Photoshop中的【修补工具】和【仿制图章工具】可以去除多余人物，打造属于一个人的游玩风景，如图4-88所示。

图4-88 画笔类型

提示

图片背景比较复杂，建立选区时注意不要多个景物同时选，应细心地分别建立选区，然后修复。

练习4. 修复损毁楼房

本练习主要使用【仿制图章工具】、【修补工具】修复损毁的楼房主面，使用【钢笔工具】抠出素材中所需的部分与成为废墟的街道场景融为一体。最终把废墟变成生机盎然的城市一角，如图4-89所示。

图4-89 画笔类型

提示

在还原倒塌房屋时，虽然最上一层都较完整，但将它作为样点来修复其他楼层还要时刻变换"源"点，这样修复出的楼层才不至于有太多瑕疵。

⬇ 练习5. 消除人物的红眼

在光线比较暗的地方拍摄，容易出现红眼。对于有红眼的图片可以通过Photoshop中的【红眼工具】，轻松去除眼睛内的红色区域，使眼睛恢复原始状态。下面就使用该工具，并调整瞳孔和变暗量的数值，然后在红眼处单击，将红眼去除，如图4-90所示。

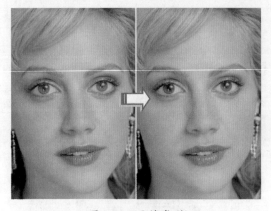

图4-90　画笔类型

⬇ 练习6. 绘制可爱的斑点狗

在使用加深或减淡工具时，还可以通过设置选区的方法进行绘制。在制作的过程中，可以先绘制狗的基础底色，然后使用【套索工具】💬绘制不规则选区，执行【羽化】命令设置羽化值，进行绘制，所选区域将是图像颜色改变区域，如图4-91所示。

图4-91　画笔类型

⬇ 练习7. 调整图像的清晰度

本练习将调整图像的清晰度，实现该效果的方法有很多种。可以利用锐化命令，也可以利用【锐化工具】来实现。在制作的过程中主要利用【锐化工具】和【海绵工具】，并结合图层混合模式来完成，如图4-92所示。

图4-92　调整图像

提示

选择选项中的【对所有图层取样】，可对所有可见图层中的图像进行锐化。如果取消选择该选项，则该工具只对当前图层进行锐行。

⬇ 练习8. 绘制阴影

为人物绘制阴影，主要是利用【加深工具】👁，并设置阴影范围，在需要添加阴影的地方进行涂抹即可，如图4-93所示。

图4-93　绘制阴影

第5章　图像色彩的调整和编辑

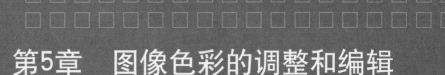

Photoshop软件的主要功能之一便是对图像的创建与编辑，而对图像的编辑必不可少的就是对图像色彩方面的调整和编辑。图像色彩调整是对图像明暗关系、以及整体色调的调整。图像多变，有时在明暗关系，或者是色调方面的调整会让图像显现出另一种风采。而图像色彩的编辑即是利用工具通过对图像整体或局部色彩的变换将图像调整出想要的效果。

本章主要介绍明暗关系的调整命令、基本色调的调整命令以及整体色调的转换命令和编辑等，从而掌握改变图像整体色调的方法。

Photoshop

5.1 图像色彩的调整

Photoshop软件在图像色彩调整方面的工具是丰富的，包括【阴影/高光】命令、【曝光度】命令与【黑白】命令、【色阶】命令与【曲线】命令、【照片滤镜】命令等，本节着重讲述这些命令的创建及应用，通过对命令的认识和应用来学习图像色彩的调整，从而掌握图像色调的调整。

5.1.1 【阴影/高光】命令

【阴影/高光】命令适用于校正由强逆光而形成剪影的照片，或者校正由于太接近相机闪光灯而有些发白的焦点。该命令不是简单地使图像变亮或变暗，它基于阴影或高光中的周围像素（局部相邻像素）增亮或变暗，使过暗的主体显示出来，或者使过亮的照片显示清楚细节，如图5-1所示。

| 过暗照片 | 调整后 |

图5-1　阴影调整

执行【图像】|【调整】|【阴影/高光】命令，打开【阴影/高光】对话框。当启用【显示其他选项】选项后，将显示出阴影和高光各自的控制选项。

1．数量 ▶▶▶▶

【数量】选项用于调整光照校正量（分别用于图像中的高光值和阴影值）。值越大，为阴影提供的增亮程度或者为高光提供的变暗程度越大。【阴影】选项组中的【数量】参数值越大，图像中的阴影区域越亮，而【高光】选项组中的【数量】参数值越大，图像中的高光区域越暗，如图5-2所示。

| 阴影数量为35% | 高光数量为35% |

图5-2　数量

2．色调宽度 ▶▶▶▶

【色调宽度】选项控制阴影或高光中色调的修改范围。较小的值会限制只对较暗区域进行阴影校正的调整，并只对较亮区域进行"高光"校正的调整。较大的值会增大将进一步调整为中间调的色调的范围。例如，设置值为0，调整数量时就会限制在阴影最暗处进行校正；在【高光】选项组中，将会对较亮区域进行高光校正的调整，同样设置值为0，调整数量时只对高光最亮处进行校正；较大的值将扩大进一步调整为中间调的色调的范围，如图5-3所示。

| 阴影色调宽度为100% | 高光色调宽度为100% |

图5-3　色调宽度

3．半径 ▶▶▶▶

半径控制每个像素周围的局部相邻像素的大小。相邻像素用于确定像素是在阴影中还是在高光中。向左移动滑块会指定较小的区域，向右移动滑块会指定较大的区域。局部相邻像素的最佳大小取决于图像，如图5-4所示。

| 阴影半径为0 | 阴影半径为2500 |

图5-4　半径调整

> **技巧**
>
> 半径的概念类似于上面的色调宽度，不过色调宽度是针对全图作用的。而半径是针对图像中暗调区域的大小而言的。它们的区别有点类似魔棒工具的邻近选取与非邻近选取。

4．颜色校正 ▶▶▶▶

颜色校正是在图像的已更改区域中微调颜色，此调整仅适用于彩色图像。例如，通过增大阴影【数量】滑块的设置，可以将原图像中较暗的颜色显示出来，在暗部显示出来的颜色会更加鲜艳，而图像中阴影以外的颜色保持不变，如图5-5所示。

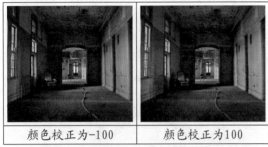

颜色校正为-100　　　颜色校正为100

图5-5　颜色校正

5．中间调对比度 ▶▶▶▶

【中间调对比度】参数用于调整中间调中的对比度。当滑块向左移动时会降低对比度，向右移动时会增加对比度，如图5-6所示。

中间调对比度为-100　　中间调对比度为100

图5-6　中间调对比度

6．修剪黑色 ▶▶▶▶

【修剪黑色】参数用于指定在图像中将多少阴影剪切到新的极端阴影（色阶为0），百分比数值越大，生成的图像的对比度越大，如图5-7所示。

图5-7　修剪黑色

7．修剪白色 ▶▶▶▶

【修剪白色】参数用于指定在图像中将多少高光剪切到新的极端高光（色阶为255）颜色。百分比数值越大，生成的图像的对比度越大，如图5-8所示。

图5-8　修剪白色

8．存储默认值 ▶▶▶▶

在所有参数设置完成后，要想将这些参数替换成该命令的默认参数，可以在对话框底部单击【存储默认值】按钮来存储当前设置，使存储的参数成为【阴影/高光】命令的默认数值。如果要还原原来的默认设置，可以在按住Shift键的同时单击【存储】按钮，如图5-9所示。

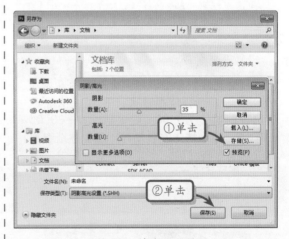

图5-9　储存默认值

【存储】和【载入】按钮可以将设置的参数值保存下来，以方便重复使用。方法同样是在设置好所有参数后，单击【存储】按钮，将其保存为后缀名为SHH的文件。然后就可以在以后的编辑时，打开【阴影/高光】对话框，直接单击【载入】按钮，即可选择保存的文件，载入该对话框中直接使用。

5.1.2 【曝光度】命令与【黑白】命令

　　【曝光度】是调整局部色彩的命令，能使图像局部变亮。而【黑白】是图像色彩在彩色和灰度中转变的命令并且能保持对各颜色转换方式的完全控制及灰度着色。

1. 【曝光度】命令 ▶▶▶▶

　　要使图像局部变亮，【曝光度】是一个很好的命令。执行【图像】|【调整】|【曝光度】命令，打开【曝光度】对话框，图像没有任何变化，如图5-10所示。

图5-10　曝光度调整

　　【曝光度】对话框中包括的选项有曝光度、位移与灰度系数等。其中的【预览】、【存储】与【载入】功能与其他颜色调整命令中的相同。

1）曝光度

　　【曝光度】参数调整色调范围的高光端，对极限阴影的影响很轻微。在默认情况下，该选项的数值为0.00，数值范围是-20.00～+20.00。当滑块向左移动时，图像逐渐变黑；当滑块向右移动时，高光区域中的图像越来越亮，如图5-11所示。

图5-11　曝光度调整

　　移动【曝光度】滑块时，在一定范围内，对最暗区域的图像没有影响，只有超过这个范围，特别是当数值为正数时，才会受其影响。

2）位移

　　【位移】参数，也就是偏移量，会使阴影和中间调变暗，对高光的影响很轻微。在默认情况下，该选项的数值为0.0000，数值范围是-0.5000～+0.5000，如图5-12所示。

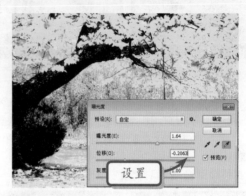

图5-12　位移调整

3）灰度系数校正

　　【灰度系数】参数使用简单的乘方函数调整图像灰度系数。在默认情况下，该选项的数值为1.00，数值范围是0.10～9.99。当滑块向右移动时，除图像蒙上一层白纱外，最亮区域颜色也发生变化，如图5-13所示。

图5-13　灰度系数调整

2. 【黑白】命令 ▶▶▶▶

　　【黑白】命令可以将彩色图像转换为灰度图像，同时保持对各颜色转换方式的完全控制，也可以通过对图像应用色调来为灰度着色。

1）预设

【预设】选项是选择预定义的灰度混合或以前存储的混合。在默认情况下，该选项为【无】，效果与【去色】命令相同。如果选择下拉列表中的【最白】或者【最黑】选项，效果就会有所不同，如图5-14所示。

图5-14　预设调整

提示

要存储混合，可以单击【预设】列表框右侧的小三角，在关联菜单中选择【存储预设】命令。

2）颜色滑块

颜色滑块用于调整图像中特定颜色的灰色调。将滑块向左拖动或向右拖动分别可以使图像原来的灰色调变暗或变亮。当打开【黑白】对话框后，拖动某个颜色滑块向右，图像变亮，反之就变暗。而【预设】选项显示为【自定】选项，如图5-15所示。

注意

【黑白】对话框中包括6种颜色的颜色滑块，当拖动与图像相同或相近颜色的滑块时，图像发生明显变化；当拖动图像中没有的颜色滑块时，图像变化不明显。

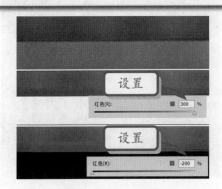

图5-15　颜色滑块

3）色调

【黑白】命令除了可以将彩色图像转换为灰色图像外，还可以为灰色图像添加色调，但它所添加的颜色是单色的，如图5-16所示。

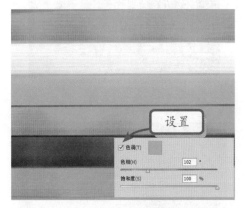

图5-16　色调

在该选项中，如果想使色彩更加鲜艳，可以通过向右拖动【饱和度】滑块来增加图像色调中的饱和度。

提示

要改变图像的色调，还可以单击右侧的色块，打开【选择目标颜色】拾色器，在其中选择颜色。

5.1.3　【色阶】命令与【曲线】命令

【色阶】主要用来调整图片的亮部与暗部、整体的或局部的，操作时色调变化直观，简单且实用。而【曲线】命令可以调整图像的整个色调范围内的点（从阴影到高光）。两个命令有一定的相同及不同点之处。

1.【色阶】命令 ▶▶▶▶

【色阶】主要通过高光、中间调和暗调三个变量进行图像色调调整。当图像偏亮或偏暗时，可使用此命令调整其中较亮和较暗的部分，对于暗色调图像，可将高光设置为一个较低的值，以避免太大的对比度，如图5-17与图5-18所示。

图5-17　原图

图5-18　色阶调整

1）输入色阶

其中左侧的黑色三角滑块用于控制图像的暗调部分，数值范围为0～253。当该滑块向右拖动时，增大图像中的暗调的对比度，使图像变暗，而相应的数值框也发生变化。

右侧的白色三角滑块用于控制图像的高光对比度，数值范围为2～255。当该滑块向左拖动时，将增大图像中的高光对比度，使图像变亮，而相应的数值框也发生变化。中间的黑色滑块是调整中间色调的对比度，可以控制在黑场和白场之间的分布比例，数值小于1.00图像变暗，大于1.00图像变亮，如图5-19与图5-20所示。

图5-19　色阶调整

图5-20　色阶调整

2）输出色阶

【输出色阶】选项可以降低图像的对比度，其中的黑色三角滑块用来降低图像中暗部的对比度，向右拖动该滑块，可将最暗的像素变亮，感觉在其上方覆盖了一层半透明的白纱，其取值范围是0～255。

白色三角滑块用来降低图像中亮部的对比度，向左拖动滑块，可将最亮的像素变暗，图像整体色调变黑，其取值范围是255～0，如图5-21与图5-22所示。

图5-21　色阶调整

图5-22　色阶调整

3）通道选项

通道选项用于选择特定的颜色通道，以调整色阶的分布。【通道】选项中的颜色通道是根据图像模式来决定的，当图像模式为RGB时，该选项中的颜色通道为RGB、红、绿与蓝；当图像模式为CMYK时，该选项中的颜色通道为CMYK、青色、洋红、黄色与黑色。

4）双色通道

【色阶】命令除了可以调整单色通道中的颜色，还可以调整由两个通道组成的一组颜色通道。但是【通道】下拉列表中没有该选项，可以结合【通道】面板来调整双色通道。方法是打开【通道】面板，按Shift键的同时选中其中的两个单色通道，然后打开【色阶】对话框，选择【通道】中相应的颜色通道选项，如图5-23与图5-24所示。

图5-23 通道

图5-24 通道

提示

在默认的【红】通道中，向右拖动【输入色阶】中的黑色滑块，图像中增加青绿色与黑色，而在RG双色通道中设置相同的参数，则在图像中增加绿色与黑色。这是因为红色通道与绿色通道相组合的原故。

5）自动颜色校正选项

用户可以在【自动颜色校正】选项栏里更改默认参数，单击对话框中的【选项】按钮，打开【自动颜色校正选项】对话框，然后调整自己需要的参数。

2.【曲线】命令 ▶▶▶

【色阶】只有三个调整（白场、黑场、灰度系数），而使用【曲线】命令可以对图像中的个别颜色通道进行精确调整。

1）曲线显示选项

在【曲线】对话框中，显示了要调整图像的直方图，直方图能够显示图片的阴影、中间调、高光，并且显示单通道。要想隐藏直方图，禁用【曲线显示选项】组中的【直方图】复选框即可，如图5-25所示。

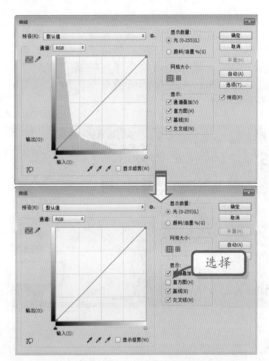

图5-25 【曲线】对话框

在曲线编辑窗口中有两种显示模式，一种是RGB，另一种就是CMYK，RGB模式的图像以光线的渐变条显示，CMYK模式的图像以油墨的渐变条显示，方法是启用【显示数量】的【颜料/油墨】选项。

在【曲线显示选项】选项组中，还有曲线编辑窗口的方格显示选项、【通道叠加】选项、【基线】选项等。这些选项可以更加准确地编辑曲线。

2）调整图像明暗关系

可以使用【曲线】命令来提高图像的亮度和对比度，具体方法是在对角线的中间单击，添加一个点，然后将添加点向上拖动，此时图像逐渐变亮；相反，如果将添加点向下拖动，图像则逐渐变暗，如图5-26所示。

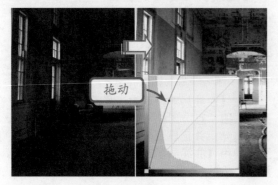

图5-26　曲线调整

如果图像对比度较弱，可以在【曲线】对话框里增加两个点，然后将最上面的增加点向右上角拉，增加图像的亮部；将最下面的增加点向左下角拉，使得图像的暗部区域加深，如图5-27所示。

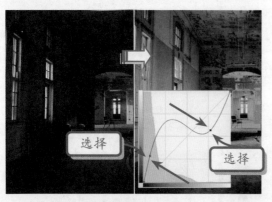

图5-27　曲线调整

3）预设选项

在【曲线】对话框中增加了【预设】选项，它是已经调整后的参数，在该选项的下拉列表中包括【默认值】、【自定】与9种预设效果选项，选择不同的预设选项会得到不同的效果，如图5-28所示。

提示

曲线编辑窗口中显示的彩色线条就是启用【通道叠加】选项实现的。调整曲线后，【预设】下拉列表中显示为【自定】选项。

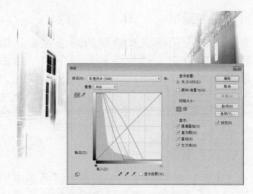

图5-28　【预设】选项

4）自由曲线

要改变网格内曲线的形状，并不只限于增加和移动控制点，还可以启用【曲线】对话框中的【铅笔工具】 ✐ ，它可以根据自己的需要随意绘制形状，如图5-29所示。

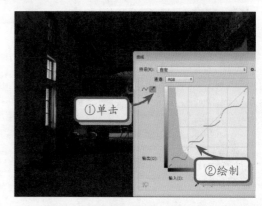

图5-29　随意绘制

使用铅笔绘制完形状之后，会发现曲线的形状凸凹不平，这时可以单击【平滑】按钮，它主要能使凸凹不平的曲线形状变得平滑，单击它的次数越多，绘制的曲线就会越平滑，如图5-30所示。

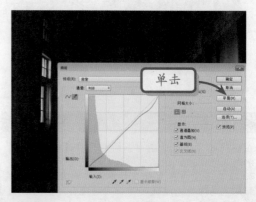

图5-30　平滑

5）调整通道颜色

【曲线】命令在单独调整颜色信息通道中的颜色时，可以增加曲线上的点，来细微地调整图像的色调，如图5-31所示。

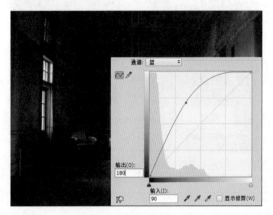

图5-31 调整图像的色调

如果在【红】通道的直线上添加一个控制点，并向右下角拖动，这时图像会偏向于青绿色。

在【红】通道中调整完之后，返回RGB复合通道，会发现【曲线】的编辑窗口中增加了一条红色的曲线，这说明在所有通道中，只有红通道发生了变化。

在【曲线】命令中也可以使用双通道来改变图像的颜色。

5.1.4 【照片滤镜】命令

照片滤镜命令的工作原理是模仿在相机镜头前面加彩色滤镜，以便调整通过镜头传输的光的色彩平衡和色温，使胶片曝光。该命令还允许选择预设的颜色，以便向图像应用色相调整。

在【照片滤镜】对话框中，有预设的滤镜颜色，它能快速地使照片达到某种效果，其中包括加温滤镜、冷却滤镜以及个别颜色等选项，如图5-32所示。

图5-32 冷却滤镜

在【照片滤镜】对话框中启用【颜色】选项，单击颜色预览框，即可打开【选择滤镜颜色】对话框自定义颜色。

【浓度】选项用来调整应用于图像的颜色数量。浓度越高，图像颜色调整幅度就越大，反之颜色调整幅度就越小，如图5-33与图5-34所示。

图5-33 【浓度】选项小

图5-34 【浓度】选项大

通过添加颜色滤镜可以使图像变暗，为了保持图像原有的明暗关系，必须启用【保留亮度】选项，如图5-35与图5-36所示。

图5-35　禁用【保留亮度】选项　　　　　图5-36　启用【保留亮度】选项

5.2　案例实战：修复曝光不足

在拍照的时候，可能因为相机操控不当，或者拍摄场景的光线不稳定因素的影响，会出现曝光过度或者曝光不足的情况。本案例中使用【曝光度】、【曲线】命令来调整曝光不足的照片，如图5-37所示。

练习要点

- 【曝光度】命令
- 【曲线】命令

图5-37　调整效果

操作步骤：

STEP|01 打开文件，调整曝光度。选择【文件】|【打开】命令，打开素材文件，可以看到照片有严重的曝光不足现象，然后选择【图像】|【调整】|【曝光度】命令，打开【曝光度】对话框，拖动【灰色系数校正】选项下方的三角滑块，如图5-38所示。

图5-38　打开文件，调整曝光度

STEP|02 调整曲线。单击【确定】按钮，得到图像效果，然后选择【图像】|【调整】|【曲线】命令，打开【曲线】对话框，调整曲线效果如图5-39所示。

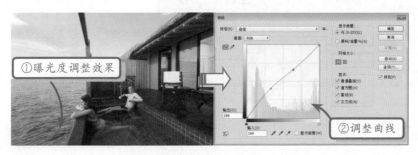

图5-39 调整曲线

STEP|03 完成调整。单击【确定】按钮，得到的图像效果如图5-40所示，完成操作。

图5-40 图像效果

5.3 案例实战：调出照片柔美色调

写真照片的色调各不相同，目的都在于美化图像。利用【色彩平衡】、【加温滤镜】、【色阶】、【曲线】等一系列的调整命令，最终将一张普通的外景照片，打造成温馨柔美色调的写真照。制作时注意掌握所用调整命令的使用方法，如图5-41所示。

练习要点

● 色相/饱和度
● 曲线
● 亮度/对比度
● 减淡工具

提示

打开通道面板后，选中绿色通道按Ctrl+A全选，再按Ctrl+C，单击蓝色通道按Ctrl+V粘贴图像即可发生变化。

图5-41 图像效果

操作过程：

STEP|01 打开和复制图像及通道。打开原图，复制图层，选择【通道】面板，单击绿色通道，复制绿色通道到蓝色通道上，如图5-42所示。

图5-42 打开和复制图像及通道

STEP|02 执行图像调整命令。执行【图像】|【调整】|【色彩平衡】命令设置参数，然后执行【图像】|【调整】|【照片滤镜】命令设置参数，如图5-43所示。

图5-43 执行图像调整命令

STEP|03 图像调整和盖印。执行【图像】|【调整】|【通道混合器】命令，选择【蓝】通道，降低蓝色。盖印一个"图层1"，如图5-44所示。

图5-44 图像调整和盖印

STEP|04 绘制羽化和反选。选择【椭圆选框工具】，在图像中心绘制一个圆形，羽化，执行【选择】|【反向】命令，如图5-45所示。

图5-45 绘制羽化和反选

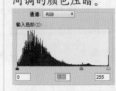

STEP|05 图像调整和盖印。执行【图像】|【调整】|【色阶】命令，设置参数为将图像四角压暗。然后新建"图层2"，盖印一层，如图5-46所示。

图5-46 图像调整和盖印

STEP|06 调整图层模式和曲线。将"图层2"的【混合模式】设置为【柔光】，然后执行【图像】|【调整】|【曲线】命令，设置曲线，将图像整体调亮，如图5-47所示。

图5-47 调整图模式层和曲线

5.4 编辑图像色彩

5.3节讲述了图像色彩的调整，并详细描述了各种调整命令，那么本节我们来讲解图像色彩的编辑及各种命令的创建及应用。

5.4.1 【色相/饱和度】命令

【色相与饱和度】命令可以调整图像中特定颜色分量的色相、饱和度和亮度，根据颜色的色相和饱和度来调整图像的颜色。这种调整应用于特定范围的颜色，或者对色谱上的所有颜色产生相同的影响。

1. 参数设置 >>>

【色相】选项用来更改图像色相，在参数栏中输入参数或者拖动滑块，可以改变图像的颜色信息外观，如图5-48所示。

图5-48 【色相】选项

【饱和度】选项控制图像彩色显示程度，在参数栏中输入参数或者拖动滑块，可以改变图像的色彩浓度，当饱和度数值为负值时，状态色谱显示为灰色，这说明图像已经不是彩色图像，而是无彩色图像，如图5-49所示。

图5-49 【饱和度】选项

【明度】选项控制图像色彩的亮度，在参数栏中输入参数或者拖动滑块，可以改变图像的明暗变化。当明度数值为负数时，图像上方覆盖一层不同程度的不透明度黑色；当明度数值为正数时，图像上方覆盖一层不同程度的不透明度白色，如图5-50所示。

图5-50 【明度】选项

注意

在对话框中显示两个色谱，它们以各自的顺序表示色轮中的颜色。下方的状态色谱根据不同选项和设置情况而改变，上方的固定色谱则起到参照作用。

2．单色调设置 ▶▶▶▶

启用【着色】选项，可以将画面调整为单一色调的效果，它的原理是将一种色相与饱和

度应用到整个图像或者选区中。启用该选项，如果前景色是黑色或者白色，则图像会转换成红色色相；如果前景色不是黑色或者白色，则会将图像色调转换成当前前景色的色相，如图5-51所示。

注意

启用【着色】选项后，每个像素的明度值不改变，而饱和度值则为25。根据前景色的不同，其色相也随之改变。

图5-51 【着色】选项

启用【着色】选项，色相的取值范围为0～360，饱和度取值范围为0～100，如图5-52所示。

图5-52 参数调整

3．颜色蒙版 ▶▶▶▶

颜色蒙版专门针对特定颜色进行更改而其他颜色不变，以达到精确调整颜色的目的，如图5-53所示。

图5-53　颜色蒙版

在该选项中可以对红色、黄色、绿色、青色、蓝色、洋红6种颜色进行更改。在下拉列表中默认的是全图颜色蒙版，选择除全图选项外的任意一种颜色编辑，在图像的色谱会发生变化，如图5-54所示。

图5-54　色相调整

除了选择颜色蒙版列表中的颜色选项外，还可以通过吸管工具选择列表中的颜色或者近似的颜色，如图5-55所示。

图5-55　吸管工具选择

在颜色蒙版列表中任意选择一个颜色后，使用【吸管工具】🖋在图像中单击，可以更改要调整的色相，如图5-56所示。

图5-56　更改色相

5.4.2　【色彩平衡】命令与【可选颜色】命令

【色彩平衡】命令是对图像整体色彩调整的命令，而【可选颜色】命令是一种使用中的技术。用户可以有选择地修改主要颜色中的印刷色数量，而不会影响其他主要颜色。

1．【色彩平衡】命令 ▶▶▶▶

【色彩平衡】命令在色调平衡选项中将图像笼统地分为暗调、中间调和高光三个色调，每个色调可以进行独立的色彩调整。

1）颜色参数

该命令是根据在校正颜色时增加基本色、降低相反色的原理工作的。在其对话框中，青色与红色、洋红与绿色、黄色与蓝色分别相对应，如图5-57所示。

| 原图 | 调整黄色参数负值 | 调整黄色参数正值 |

图5-57　颜色参数调整

2）调整区域

依据图像中不同色调显示的是不同的颜色，所以在图像中的阴影、中间调与高光区域中添加同一种颜色，会得到不同的效果，如图5-58所示。

| 调整黄色阴影 | 调整黄色中间调 | 调整黄色高光 |

图5-58　调整效果

3）亮度选项

在【色彩平衡】命令中的颜色自身带有一定的亮度，当启用【保持亮度】选项时，调整颜色参数不会破坏原图像亮度，因为该选项的作用是在三基色增加时下降亮度，在三基色减少时提高亮度，从而抵消三基色增加或者减少时带来的亮度改变，如图5-59所示。

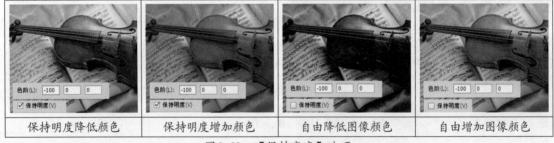

| 保持明度降低颜色 | 保持明度增加颜色 | 自由降低图像颜色 | 自由增加图像颜色 |

图5-59　【保持亮度】选项

2. 【可选颜色】命令 ▶▶▶▶

使用【可选颜色】校正图像是高端扫描仪和分色程序使用的一种技术，用于在图像中的每个主要原色成分中更改印刷色的数量。

1）减去颜色参数

该命令主要是针对CMYK模式图像的颜色调整，所以【颜色参数】为青色、洋红、黄色与黑色。当选择的颜色中包含颜色参数中的某些颜色时，就会发生较大的改变，反之效果不明显，如图5-60所示。

图5-60　颜色参数调整

2）增加颜色参数

在图像颜色中增加颜色参数时，基本上不会更改颜色色相，并且会发现增加某些颜色参数产生的变化较大、某些颜色参数产生的变化较小，这是因为颜色含量比例问题，如图5-61所示。

图5-61　增加颜色参数

3）调整不同颜色

【可选颜色】校正是高端扫描仪和分色程序使用的一项技术，它可以在图像中的每个加色和减色的原色分量中增加和减少色的量。通过增加和减少与其他油墨相关的油墨数量，可以有选择地修改任何原色中印刷色的数量，而不会影响任何其他原色，并且可以在同一对话框中调整不同的颜色，如图5-62所示。

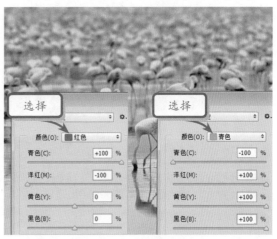

图5-62　【可选颜色】校正

4）调整方法

【相对】方法按照总量的百分比更改现有的青色、洋红、黄色或者黑色的量；【绝对】方法则采用绝对值调整颜色，图像调整的效果比较明显，如图5-63所示。

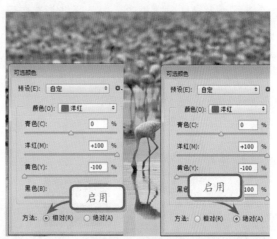

图5-63　【相对】调整与【绝对】调整

5.4.3 【替换颜色】命令与【通道混合器】命令

【替换颜色】命令可以创建蒙版，以选择图像中的特定颜色，然后替换那些颜色。而【通道混合器】命令可以在通道缺乏颜色资讯时对图像作大幅度校正。

1. 【替换颜色】命令 ▶▶▶

【替换颜色】命令可以设置选定区域的色相、饱和度和亮度。也可以使用拾色器来选择替换颜色，该功能只能调整某一种颜色，如图5-64所示。

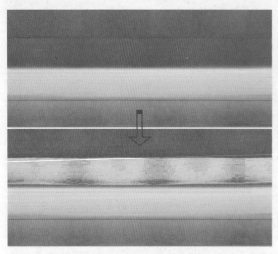

图5-64 【替换颜色】命令

打开【替换颜色】对话框，显示的选取颜色是前景色，这时【吸管工具】处于可用状态，可以在图像中单击选取要更改的颜色，在选区颜色范围预览框中，白色区域为选中区域，黑色区域为被保护区域，如图5-65所示。

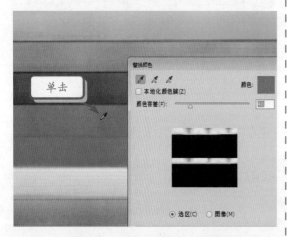

图5-65 【替换颜色】对话框

扩大或者缩小颜色范围可以使用【添加到取样】工具与【从取样中减去】工具。

在【替换颜色】命令中，通过【颜色容差】选项可以扩大或者缩小颜色范围。当【颜色容差】参数值大于默认参数值时，颜色范围就会扩大，如图5-66所示。

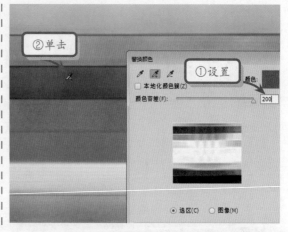

图5-66 【颜色容差】调整

提示

选择颜色后，还可以拖动饱和度或者明度滑块进行细微调整。这种方法的好处在于，可以选择其他图像中现有的颜色。

直接在相应的文本框中输入数值，同时也可以双击【结果颜色】显示框，打开【拾色器】对话框，在该对话框中可以选择一种颜色作为更改的颜色，如图5-67所示。

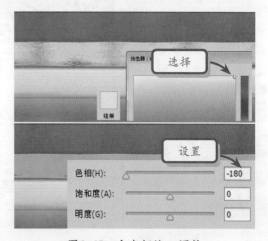

图5-67 文本框输入调整

2. 【通道混合器】命令 >>>>

【通道混合器】命令用来在某些通道缺乏颜色资讯时对图像作大幅度校正，使用某一颜色通道的颜色资讯作为其他颜色通道的颜色，可以对偏色现象作校正，可以从每个颜色通道中选取它所占的百分比来创建高品质的灰度图像，还可以创建高品质的棕褐色调或者其他彩色图像。

该对话框中的【输出通道】列表中的选项和【源通道】选项会根据图像的颜色模式有所变化，该命令分为RGB模式与CMYK模式两种混合方式，如图5-68所示。

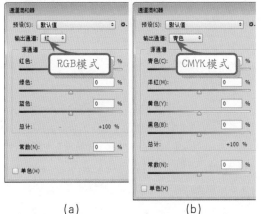

(a)　　　　　　　(b)

图5-68　两种模式

1）预设选项

在【通道混合器】对话框中，【预设】下拉列表中包含了【默认值】、【自定】以及其他6个预设效果选项。当选择这6个选项后，能够直接得到以不同颜色为主的黑白效果，如图5-69所示。

红外线的黑白　　　使用蓝色滤镜的黑白

使用绿色滤镜的黑白　　使用橙色滤镜的黑白

使用红色滤镜的黑白　　使用黄色滤镜的黑白

图5-69　【预设】设置

2）源通道

在【通道混合器】对话框中，主要是通过【源通道】选项来调整颜色的，该选项中显示的颜色参数是由图像模式来决定的。

颜色通道是代表图像（RGB或CMYK）中颜色分量的色调值的灰度图像，在使用【通道混合器】时，就是在通过源通道向目标通道加减灰度数值。当【输出通道】为【红】通道时，设置【源通道】中的各种颜色数值，图像会发生相应的变化，如图5-70所示。

图5-70　【源通道】设置

3）输出通道

以上所讲的是以红色通道为输出通道的【源通道】选项，选择【输出通道】为绿通道或者蓝通道，【源通道】中的颜色信息参数相同，但是设置相同的参数会出现不同的效果，如图5-71所示。

图5-71 【输出通道】设置

（a） （b）

图5-72 【单色】选项

4）单色

【通道混合器】对话框中的【单色】选项用来创建高品质的灰度图像。该选项在将彩色图像转换为灰度图像的同时，还可以调整颜色信息参数，以调整其对比度。

启用【单色】选项将彩色图像转换为灰色图像后，要想调整其对比度，必须在当前对话框中调整，否则就是在为图像上色。要想为灰色图像上色，还可以在【通道混合器】对话框中启用【单色】选项后再禁用该选项，即可设置源通道参数为其上色，如图5-72所示。

5）常数

【通道混合器】对话框中的【常数】选项用于调整输出通道的灰度值。负值增加更多的黑色，正值增加更多的白色。【常数】选项分为两种效果，在彩色图像的通道中设置【常数】选项，最大值的效果与所有颜色信息参数均为最大值的相同；最小值的效果与所有颜色信息参数均为最小值的相同，如图5-73所示。

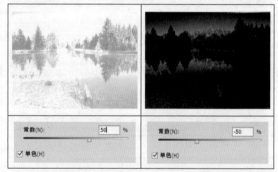

图5-73 【常数】选项调整

5.5 案例实战：从夏天到秋天

自然界中的某些事物是随着季节的变换而改变的，例如植物。树叶发黄已经成为秋天到了的一种标识。下面通过【通道混合器】命令，将绿色的垂柳转换为黄色的垂柳，从而体现秋意盎然的效果，如图5-74所示。

练习要点
- 通道混合器
- 色相/饱和度

图5-74 调整效果

操作步骤：

STEP|01 打开和复制。打开素材，该图像呈现生机勃勃之景象。复制一层背景，得到"背景 拷贝"图层，如图5-75所示。

图5-75 打开和复制

STEP|02 调整图像。执行【图像】|【调整】|【通道混合器】命令，设置各项参数。执行【图像】|【调整】|【色相/饱和度】命令，设置各项参数禁用【着色】选项，如图5-76所示。

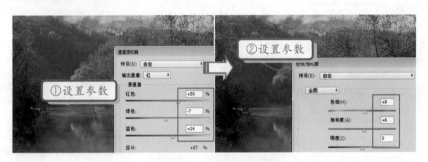

图5-76 调整图像

STEP|03 如果觉得颜色不够苍凉，可以执行【图像】|【调整】|【色彩平衡】命令继续调整色彩。

5.6 案例实战：制作水墨画

本实例是将现实中的照片制作成美术水墨画效果，通过对三个图层进行【亮度/对比度】及【曲线】的调整，配合滤镜中的【特殊模糊】和【高斯模糊】做出每一层的效果，再通过修改【图层混合模式】让三个图层叠加在一起就完成了水墨画的最终效果，如图5-77所示。

图5-77 调整效果

提示

因为【通道混合器】命令是对整体图像的调整，但是其他部分的颜色也会跟着发生改变。所以这里用到了【色相／饱和度】命令，来调节颜色。

提示

使用【色相|饱和度】和【色彩平衡】还能调出更加苍凉的色彩。

练习要点

● 亮度/对比度
● 曲线
● 高斯模糊
● 特殊模糊
● 图层混合模式

提示

执行【图像】|【调整】|【去色】可完成去色命令。
按 Ctrl+J 键可快速复制图层。

操作步骤：

STEP|01 复制和调整图像。打开照片，复制三次，选择"背景 拷贝"，将其副本隐藏。按组合键Ctrl+Shift+U，进行去色，然后执行【图像】|【调整】|【亮度/对比度】命令设置参数，如图5-78所示。

图5-78 复制和调整图像

STEP|02 执行滤镜。选择【滤镜】|【模糊】|【特殊模糊】命令，设置其参数，再执行【滤镜】|【模糊】|【高斯模糊】命令，设置其参数，如图5-79所示。

图5-79 执行滤镜

STEP|03 滤镜、去色和调整。执行【滤镜】|【杂色】|【中间值】命令，设置其参数。选择"背景 拷贝2"，按快捷键Ctrl+Shift+U，进行去色，再执行【图像】|【调整】|【亮度/对比度】命令，如图5-80所示。

图5-80 滤镜、去色和调整

STEP|04 调整曲线和添加滤镜。按快捷键Ctrl+M打开【曲线】命令，调整曲线。执行【滤镜】|【模糊】|【特殊模糊】命令，设置参数，如图5-81所示。

图5-81 调整曲线和添加滤镜

提示

执行【滤镜】|【模糊】|【特殊模糊】命令时要注意对话框里模式的选择。本案例所用的是正常模式下的效果：

注意

在执行命令之前一定要注意所在的图层，以免再同一同层做重复的命令或命令和图层弄乱次序。

提示

调整【亮度/对比度】对话框中的参数可出现令人想不到的效果：

STEP|05 滤镜、去色和调整。执行【滤镜】|【模糊】|【高斯模糊】命令，设置其参数，将图层【混合模式】改为【叠加】，选择"背景 拷贝3"，按快捷键Ctrl+Shift+U进行去色，再执行【图像】|【调整】|【亮度/对比度】命令，如图5-82所示。

①高斯模糊　②图像去色及调整

图5-82　滤镜、去色和调整

STEP|06 滤镜和调整图层。执行【滤镜】|【风格化】|【查找边缘】命令，调整【曲线】命令，执行【滤镜】|【模糊】|【高斯模糊】命令，设置其参数，将图层【混合模式】改为正片叠底，如图5-83所示。

②曲线调整　①查找边缘　③高斯模糊　④调整图层

图5-83　滤镜和调整图层

5.7　高手训练营

🔸 练习1. 打造梦幻风景照片

　　摄影时候的柔光镜可以实现色彩艳丽、朦胧而又不失层次感的梦幻感觉。如果没有柔光镜，可以利用Photoshop来模拟这种柔光镜的特效。其中通过【高斯模糊】滤镜做出朦胧效果、【色相/饱和度】做出色彩艳丽，最终将一副普通的风景照片制作成带有梦幻色彩的风景照片，如图5-84所示。

图5-84　梦幻色彩

调整【色相／饱和度】之后，颜色很艳丽，这时候调整图层的不透明度使这样的情况有所缓解。而执行【滤镜】|【锐化】|【锐化】命令是对高斯模糊效果的缓解。

练习2. 紫色唯美婚片

婚纱照片的处理意在使照片已经更加完美。本案例通过【替换颜色】和【色彩平衡】命令，将婚纱照片中的绿色树木变换成紫色，形成一种唯美色调的婚片，如图5-85所示。

图5-85　唯美色调

在【替换颜色】命令中选取颜色时，可以调节【颜色容差】来扩大或者缩小颜色范围。

练习3. 给外景图片润色

摄影已经越来越倾向于外景拍摄，拍摄之后对图片加以润色，呈现出唯美效果。本练习通过使用【色阶】、【可选颜色】、【混合模式】逐步将照片中的层次整理出来，完成一幅干净通透的唯美写真照，如图5-86所示。

图5-86　图片润色

因为之前的颜色层叠使得人物皮肤包括整体的色调都偏黄，现在要做的就是分离颜色。分别创建可选颜色来调整百分比，调整的是后面树叶的颜色。

平面图片看起来比较平庸，为该图像添加一点亮点，给气球上色。涂抹的时候注意气球的边缘，一定要放大图，慢慢涂！

练习4. 柔美色调婚片

婚纱照片的色调各不相同，目的都在于将图像美化。利用【色彩平衡】、【加温滤镜】、【色阶】、【曲线】等一系列的调整命令，最终将一张普通的外景照片，打造成温馨柔美色调的婚片。制作时注意掌握所用调整命令的使用方法，如图5-87所示。

图5-87　图像美化

盖印一层，设置【混合模式】为柔光，使图像颜色柔和化。然后使用【曲线】命令，将整体图像提亮。

练习5. 紫色梦幻

在这个对生活质量及要求层次不断攀升的社会中，一幅色彩单一的普通图片与一幅色彩斑斓的梦幻图片相比，应该后者更吸引人们的注意和欣赏。本练习让读者练习使用【替换颜色】命令，把色彩单一的绿色图片绘制成具有梦幻色彩的紫色风格，如图5-88所示。

图5-88　梦幻图片

提示

【替换颜色】命令是在图像中基于特定颜色创建蒙版，然后替换图像中的那些特定颜色。该命令用来替换图像中指定的颜色，并且可以设置替换颜色的色相、饱和度和亮度属性，但是该功能的限制条件就是只能调整某一种颜色。

练习6.打造绚丽樱花

对于色彩灰暗的图像，通过Photoshop中的【色彩平衡】命令，制作出色彩鲜艳的效果。【色彩平衡】命令是根据色调范围改变色相，所以还可以适度地增加图像对比度，形成具有层次感的图像，如图5-89所示。

图5-89　鲜艳的效果

练习7.变换照片季节

不同的季节，色彩各不相同，变换季节其实就是更改色调。这里将图片中的绿色变换为红色与黄色，就将春天的景色更改为秋天的景色，在调色过程中，因为是直接更改特定颜色，所以不需要建立选区，如图5-90所示。

图5-90　变换季节

提示

利用【通道混合器】命令，可以创建高品质的灰度图像、棕褐色调图像或其他色调图像，也可以对图像进行创造性的颜色调整。

练习8.修复曝光过度

在拍照的时候，可能因为相机操控不当，或者拍摄场景的光线不稳定因素的影响，会出现曝光过度或者曝光不足的情况。本练习就给用户介绍一种修复曝光过度的照片的方法。练习中使用【曲线】、【色阶】命令来调整曝光照片的色相和亮度。使用【画笔工具】将人物的面部区域打造得更完美，如图5-91所示。

图5-91　曝光过度

提示

修复人物照片，最重要的就是人物面部的修复。这也是修复过程中最复杂却最不能忽视的地方，修复的完美与否将直接决定照片修复的成与败。面部修复的完善也会大大提升画面整体的效果。

第6章 文字的应用

好的作品总少不了文字，正是一动一静相得益彰，文字在图片中通常处于画龙点睛或说明性、烘托气氛的作用。在Photoshop软件中处理文本的工具有4种，用户根据文字显示的不同，可使用不同的文本工具进行输入或修改文本，然后可根据需要对文字添加各种复杂的效果，使图像整体更为美观。

本章主要介绍Photoshop中创建文本的各种功能和命令，及编辑文字的命令及效果，使读者能够在短期内熟练掌握文字在设计中的使用方法与设计技巧。

Photoshop

6.1 创建文字

本节主要学习文字的创建和调整。Photoshop在文字创建方面有多种处理文本的工具，包括文字的创建工具、【字符】调整工具，以及【段落】调整工具。

6.1.1 使用文字工具

针对Photoshop中的4种处理文本工具，用户可以根据文字显示的不同，使用不同的文本工具进行输入或修改文本。

1. 创建横排或竖排文字 ▶▶▶

无论是输入还是复制文本，均需要切换到文本工具。文本显示主要包括两种方式，横排与竖排。在输入横排文本时，首先选择工具箱中的【横排文字工具】T。然后在画布中单击显示闪烁的光标后即可输入文字，如图6-1所示。

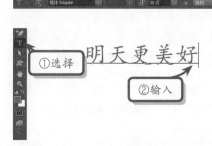

图6-1 横排文字工具

输入完成后，按Ctrl+Enter组合键退出文本输入状态即可。如果要在画布中输入竖排的文字，只要选择【直排文字工具】IT，在画布中单击，输入文字即可，如图6-2所示。

图6-2 直排文字工具

2. 创建文字选区 ▶▶▶

使用工具箱中的【横排文字蒙版工具】T和【直排文字蒙版工具】IT，可以创建文字型选区，它的创建方法和创建文字一样。

在文本工具组中，【横排文字蒙版工具】T和【直排文字蒙版工具】IT能够创建文本选区，并且在选区中填充颜色后，从而得到文本形状的图形，如图6-3所示。

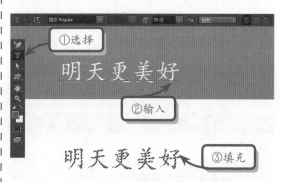

图6-3 创建文本选区

得到文字选区后，除了能够填充颜色外，还可以像普通选区一样，对文字选区进行描边、保存、修改及调整边缘等操作，如图6-4所示。

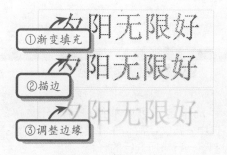

图6-4 编辑文本选区

6.1.2 使用【字符】调板

输入后的文本，在选中的情况下虽然可以在文本工具选项栏中设置其属性，但是设置的属性选项有限。要想更全面地设置文本属性，可以打开【字符】面板。

1. 设置字体系列与大小 ▶▶▶▶

无论是在文本工具选项栏中，还是在【字符】面板中，均能够设置文字的字体系列和大小。只要在相应的下拉列表中，选择某个选项，即可得到不同的文字效果，如图6-5所示。

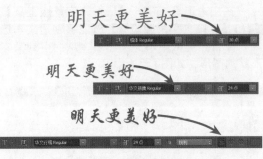

图6-5 【字符】面板

提示

虽然在选项栏与【字符】面板中，均能够设置文字的字体系列和大小。但是前者需要选中文字，而后者只要选中文本图层即可。

2. 设置行距 ▶▶▶▶

在【字符】面板中，【设置行距】用来控制文字行之间的距离，可以设为【自动】或输入数值进行手动设置。若为【自动】，行距将会随字体大小的变化而自动调整，如图6-6所示。

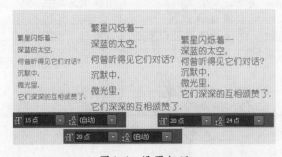

图6-6 设置行距

手动指定还可以单独控制部分文字的行距，选中一行文字后，在【设置行距】中输入数值控制下一行与所选行的行距，如图6-7所示。

图6-7 设置行距

提示

选中文字，按住Alt键的同时配合使用上、下、左、右方向键可调整文字的字间距和行距。如果手动指定了行距，在更改字号后一般也要再次指定行距，如果间距设置过小会造成重叠，下一行文字将遮盖上一行。

3. 设置文字比例 ▶▶▶▶

【字符】面板中的【水平缩放】与【垂直缩放】用来改变文字的宽度与高度的比例，它相当于把文字进行伸展或收缩操作，如图6-8所示。

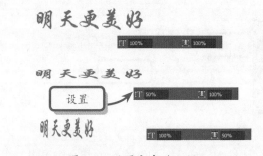

图6-8 设置文字的比例

4. 设置字距 ▶▶▶▶

【字距调整】选项的作用是放宽或收紧选定文本或整个文本块中字符之间的间距，如图6-9所示。

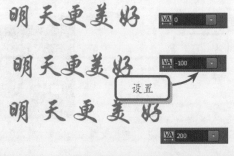

图6-9 字距调整

5．设置字体样式 ▶▶▶▶

文字样式可以为字体增加加粗、倾斜、下划线、删除线、上标、下标等效果，即使字体本身不支持改变格式，在这里也可以强迫指定，如图6-10所示。

图6-10 文字样式

其中，【全部大写字母】TT的作用是将文本中的所有小写字母都转换为大写字母，【小型大写字母】Tt则是将所有小写字母转为大写字母，但转换后的字母将参照原有小写字母的大小。

要想在画布中输入上标或下标效果的文字与数字，只要通过文本工具选中该文字，单击【字符】面板中的【上标】按钮T¹或【下标】按钮T₁即可，如图6-11所示。

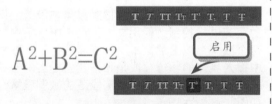

图6-11 输入字母

6．设置基线偏移 ▶▶▶▶

【字符】面板中的【设置基线偏移】选项用来控制文字与文字基线的距离。通过设置不同的数值，可以准确定位所选文字的位置。若输入正值，将使水平文字上移、直排文字右移；若输入负值，将使水平文字下移、直排文字左移，如图6-12所示。

图6-12 设置基线偏移

7．改变文字方向 ▶▶▶▶

虽然在输入文字时，就可以决定其显示的方向，但是，还是可以在输入后随时被改变。只要选中文本图层后，打开【字符】面板关联菜单，选择【更改文本方向】命令即可，如图6-13所示。

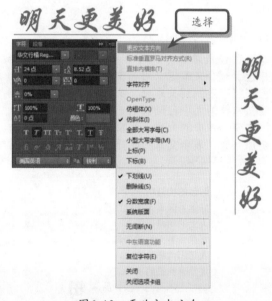

图6-13 更改文本方向

8．设置消除锯齿的方法 ▶▶▶▶

【设置消除锯齿的方法】选项主要控制字体边缘是否带有羽化效果。一般情况下，如果字号较大的话，选择该选项为【平滑】，以得到光滑的边缘，这样文字看起来较为柔和。但是对于较小的字号来说，选择该选项为【平滑】，可能造成阅读困难的情况，这时可以选择该选项为【无】，如图6-14所示。

图6-14　设置消除锯齿的方法

6.1.3　使用【段落】调板

在文字排版中，如果要编辑大量的文字内容，就需要更多针对段落文本方面的设置，以控制文字对齐方式、段落与段落之间的距离等内容，这时就需要创建文本框，并使用【段落】面板对文本框中大量的文本内容进行调整。

1．创建文本框 ▶▶▶▶

选择任意一个文字工具，在画布中单击并拖出一个文本框，可将文字直接输入或从其它文档中复制到文本框。文本框中的文字会按照文本框的大小自动换行。调整周围的控制点可改变文本框的大小。当文本框右下角出现一个加号时，表示文本框过小而未能完全显示文字，如图6-15所示。

图6-15　创建文本框

提示

在这里将使用文字工具直接输入的文本叫做点文本，在文本框中输入的文本叫做段落文本。执行【图层】|【文字】|【转换为点文本】命令或【图层】|【文字】|【转换为段落文本】命令可将点文本与段落文本互相转换。

2．设置段落文本对齐方式 ▶▶▶▶

当出现大量文本时，最常用的就是使用

文本的对齐方式进行排版。【段落】面板中的【左对齐文本】、【居中对齐文本】和【右对齐文本】是所有文字排版中的三种最基本的对齐方式，它以文字宽度为参照物使文本对齐，如图6-16所示。

图6-16　文本的对齐方式

而【最后一行左对齐】、【最后一行居中对齐】和【最后一行右对齐】是以文本框的宽度为参照物使文本对齐。【全部对齐】是使所有文本行均按照文本框的宽度左右强迫对齐。

提示

设置段落文本对齐时应全部选中所要进行操作的段落，否则 Photoshop 仅对鼠标光标当前所在的段落进行对齐。

3．设置段落微调 ▶▶▶▶

使用段落微调功能可以对段落与段落之间的距离进行控制。使用文本工具选中段落中的两个或两个以上的文本，在所需调整的参数栏中输入具体的数值，或是在按钮图标上单击并向两侧拖动鼠标，调整所选段落的微调设置，如图6-17所示。

图6-17　段落微调

6.2 编辑文字

6.1节主要讲述了文字的创建及调整,那么这一节,我们来讲述文字的编辑。漂亮的文字外观更能增加整个版面的美感,用户可以通过对文字的详细编辑为文字增加效果,使作品更为精彩,引人入胜。

6.2.1 更改文字外观

在设计杂志、宣传册或平面广告时,可以通过变形文字、将文本转为路径后做出特殊效果等为文本做更多的编辑。

1. 更改文字方向 >>>>

文字的方向可以在创建前、创建中或创建后随时进行调整。当文字图层垂直时,文字行上下排列;当文字图层水平时,文字行左右排列。更改文字方向的方法是:选中文本后单击选项栏中的【更新文本方向】按钮,如果当前编辑的是英文,可在【字符】调板的菜单中选择【标准垂直罗马对齐方式】命令,如图6-18所示。

图6-18 更改文字的方向

2. 为文字添加变形 >>>>

【变形文字】功能可以使文字产生各种变形效果,它可以使文字产生扇形或波浪效果。选择的变形样式将作为文字图层的一个属性,可以随时更改图层的变形样式以及更改变形的整体形状。如果要制作多种文字变形混合的效果,可以通过将文字输入到不同的文字图层,然后分别设定变形的方法来实现,如图6-19所示。

提示

当文字图层中的文字执行了【仿粗体】T命令时,不能使用【创建文字变形】命令。

图6-19 变形文字

3. 将文本转换为路径 >>>>

文本图层中的文字,要想在不改变文本属性的前提下改变其形状,只有通过【创建文字变形】命令。如果要在改变文字形状的同时保留图形清晰度,则需要将文本转换为路径。

方法是:选中文字图层,执行【文字】|【转换为形状】命令,可将文字图层转换为形状图层,如图6-20所示。

图6-20 文本转换为路径

这时,通过【直接选择工具】即可改变文字形状,如图6-21所示。

图6-21　直接选择工具

6.2.2　其他选项

编辑文字过程中，还有其他的选项。例如【拼写与检查】命令、【查找与替换】命令以及【格式化文字】命令等。通过学习这些命令及选项，读者可以对文字有更深的了解。

1．拼写与检查 ▶▶▶▶

Photoshop与文字处理软件Word一样具有拼写检查的功能。该功能有助于在编辑大量文本时，对文本进行拼写检查。

其方法是：首先选择文本，然后执行【编辑】|【拼写检查】命令，在弹出的对话框中进行设置，如图6-22所示。

图6-22　拼写检查

> **提示**
>
> Photoshop一旦检查到文档中有错误的单词，就会在【不在词典中】文本框显示出来，并在【更改为】文本框中显示建议替换的正确单词。

2．查找与替换 ▶▶▶▶

【查找与替换】命令也与Word中的类似。在确认选中文本图层的前提下，执行【编辑】|【查找和替换文本】命令，打开【查找和替换文本】对话框。

在弹出的对话框中输入要查找的内容，单击【查找下一个】按钮，然后，单击【更改全部】按钮即可全部替换，如图6-23所示。

> **提示**
>
> 如果要对图像中的所有文本图层进行查找和替换，可以在【查找和替换文本】对话框中启用【搜索所有图层】选项。

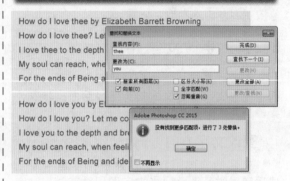

图6-23　更改全部

3．栅格化文字 ▶▶▶▶

在对文字执行滤镜或剪切时，Photoshop会弹出一个提示对话框。文字必须栅格化才能继续编辑。

方法是：右击文本图层，选择【栅格化文字】命令，即可栅格化文字。栅格化的文字在【图层】面板中以普通图层的方式显示，如图6-24所示。

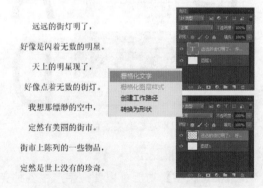

图6-24　栅格化文字

4．文字首选项设置 ▶▶▶▶

在首选项对话框中，对于文字选项，可以设置文字显示的方式，而且还可以设置字体预览的大小、以英文显示字体名称。

如果发现字体菜单中的字体名称全部呈英文显示，不要担心是系统出了问题。在Photoshop的【首选项】对话框中可以解决这个问题。

在选择字体时，可以在其后面看到字体的样式。在首选项【文字】选项组中，用户可以设置【字体预览大小】选项。在选择字体时可以方便查看。

6.2.3　创建文字绕排路径

文字可以依照开放或封闭的路径来排列，从而满足不同的排版需求。可以使用创建路径的工具绘制路径，然后沿着路径输入文字，并且可以根据需要更改文字的格式。

1．路径文字排版种类 》》》》

当停留在路径线条之上时显示为 ；当光标停留在路径之内时将显示为 。前者表示沿着路径走向排列文字；后者则表示在封闭区域内排列文字，如图6-25所示。

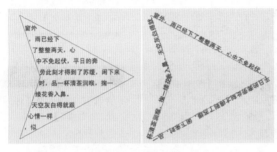

图6-25　文字排版

2．路径文字中段落设置 》》》》

在路径内部输入文字后，将路径填满。此时文字在路径中的排列并不对称。这时，在【段落】面板中，启用【居中对齐文本】选项 ，并适当设置【左缩进】和【右缩进】参数值，即可得到较为整齐的文字排列，如图6-26所示。

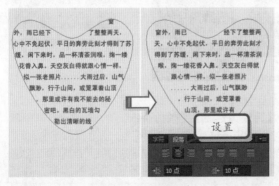

图6-26　段落设置

3．调整路径 》》》》

路径文本与文本框文本，均能够调整文本显示的区域范围，只是前者更为灵活。路径文本不仅能够通过调整路径大小来控制文本显示范围，还可以通过调整路径上的控制点，来控制文本显示的形状范围，如图6-27所示。

图6-27　调整路径

4．光标提示 》》》》

对于已经完成的路径走向文字，还可以更改其位于路径上的位置。方法是：使用【路径选择工具】 指向文本中的小圆圈标记左右，根据位置的不同，会显示光标 和光标 。它们分别表示文字的起点和终点，如果两者之间的距离不足以完全显示文字，终点标记将变为 表示有部分文字未显示，如图6-28所示。

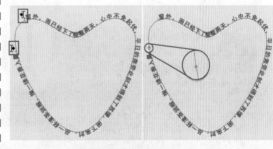

图6-28　光标提示

5．沿路径文字的两种形态 》》》》

如果将起点或终点标记向路径的另外一侧拖动，将改变文字的显示位置，同时起点与终点将对换。例如，将起点向右侧拖动，文字就会从路径外侧移动到路径内侧，如图6-29所示。

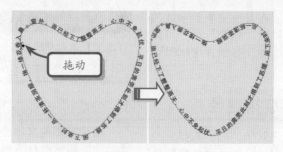

图6-29 改变文字显示位置

6.3 案例实战：标志设计

标志有多种类型，字母标志是其中之一，字母标志是利用字母的变形制作。在Photoshop中，输入文字后，执行【转换为形状】命令，使用【直接选择工具】对其进行调整，将字母制作成一个文字标志，如图6-30所示。

练习要点

● 横排文字工具
● 【转换为形状】命令
● 【图层样式】

图6-30 图像效果

案例欣赏

将首写字母执行【转换为形状】命令，制作标志。

操作步骤：

STEP|01 新建文档和输入文字。新建文档填充颜色，使用【横排文字工具】 输入字母，如图6-31所示。

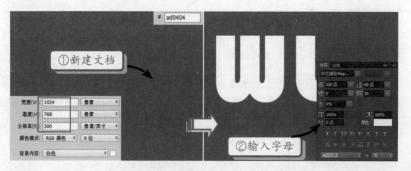

图6-31 新建文档和输入文字

STEP|02 转换为形状和移动字母。执行【文字】|【转换为形状】命令，将文字转换为形状。使用【路径选择工具】 ，移动字母L与W字母右边重合，如图6-32所示。

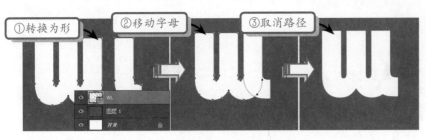

① 转换为形 ② 移动字母 ③ 取消路径

图6-32 转换为形状和移动字母

STEP|03 添加图层样式。打开【图层样式】对话框，分别启用【渐变叠加】和【斜面和浮雕】选项，设置各项参数，使用【横排文字工具】 T 添加文字，如图6-33所示。

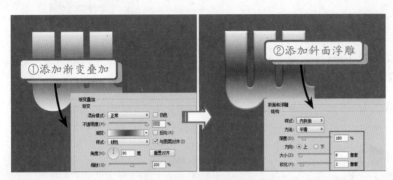

① 添加渐变叠加 ② 添加斜面浮雕

图6-33 添加图层样式

6.4 案例实战：公益广告

公益广告对于提高大众思想意识、鼓舞人们采取行动、促进社会进步起到了持久的、积极的作用。本实例主要使用【创建文字变形】 工 面板里的【样式】选项来绘制文字的形状，如图6-34所示。

练习要点

- 使用【创建文字变形】 工 面板里的【样式】选项
- 调整【创建文字变形】 工 面板里的参数

Hidden Charm

图6-34 图像效果

操作步骤：

STEP|01 打开素材，复制图像。选择【文件】|【打开】命令，打开素材文件，复制一层背景，得到"背景 拷贝"图层，如图6-35所示。

图6-35　打开素材，复制图像

STEP|02 输入字母和添加样式。使用【横排文字工具】 T ，在画布下方输入字母Hidden Charm，设置【样式】参数为【波浪】，如图6-36所示。

图6-36　输入字母和添加样式

STEP|03 输入文字和添加样式。继续输入文字和添加不同的【样式】并调整参数，如图6-37所示。

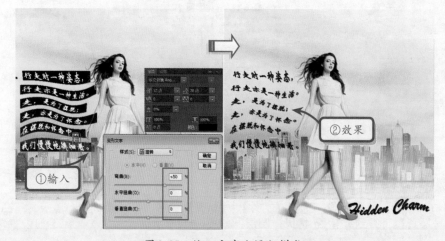

图6-37　输入文字和添加样式

6.5 高手训练营

练习1. 制作文字标志

标志多种类型，其中文字标志是其中之一，文字标志是利用字母的变形制作。在Photoshop中，输入文字后，执行【转换为形状】命令，使用【直接选择工具】对其进行调整，将字母制作成一个文字标志，如图6-38所示。

图6-38 制作标志

提示

提示

输入文字，将文字加粗后，不能执行【转换为形状】命令。使用【直接选择工具】，可以对转换形状后的文字进行调整。

案例赏析：

对文字执行【转换为形状】命令，制作标志，如图6-39所示。

图6-39 案例赏析

练习2. 制作画册封面

在生活中可能遇到一些画册封面使用不同效果的文字作为装饰元素。在Photoshop中，使用文字工具输入不同【字体】、【大小】和【颜色】的文字，再加上对文字的一些修饰，制作一个画册封面，如图6-40所示。

提示

制作渐变效果文字，按Ctrl键单击该文字图层，载入文字选区，新建图层后，使用【渐变工具】执行渐变操作。还可以双击该文字图层，打开【图层样式】对话框，启用【渐变叠加】选项，对文字添加渐变效果。

图6-40 制作画册封面

练习3. 茶饮招贴

在现代生活中，视觉时尚逐渐成为现代生活的主体元素，时尚而不失淡雅，风趣而不失意境。本练习是一个十分有个性的茶饮招贴，使用文字的平面构成方式组合成一个富有情趣的茶具，在制作过程中主要使用文字环绕路径功能进行绘制，如图6-41所示。

图6-41 制作茶饮招贴

提示

在杯子的拐弯处要注意文字之间距离的变化，一般情况下，拐弯的弧度越小，文字之间的距离就越小，文字的排列就越密集。反之，就越稀疏。

练习4. 杂志封面

杂志封面是体现一本精美杂志最直接的地方，更是吸引读者眼球最重要的手段。本练习为读者设计一张以春天为主题、以浪漫为格调的杂志封面，练习中的步骤能够使读者对Photoshop中的文本和排版方式有更深刻的认识，如图6-42所示。

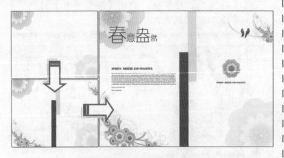

图6-42　绘制杂志封面

提示

用户如果对将要输入的文本的字体和大小都清楚，而且输入后无需更改，则可以直接用蒙板文字工具，填充颜色和应用都很方便。

练习5. 清凉一夏

网页是构成网站的基本元素，也是承载各种网站应用的平台。本案例为用户介绍网页页面的设计步骤，让用户对网页的排版有更深刻的了解。案例网页以炫蓝为主色，使用简洁明了的排版模式，给用户一种色彩清新、使用方便之感，如图6-43所示。

图6-43　网页排版

提示

选中文字之后，按住Alt键的同时配合使用上、下、左、右方向键也可调整文字的字间距和行距。如果手动指定了行距，在更改字号后一般也要再次指定行距，如果间距设置过小会造成重叠，下一行文字将遮盖上一行文字。

练习6. 宣传海报

本海报主要以文字为主体组合，并分别调整文字的属性，设计出一种具有速度感的海报招贴。在设计过程中，主要使用【文本工具】和滤镜中的模糊滤镜组对海报特效进行有效的调整，如图6-44所示。

图6-44　制作海报

提示

将文字转换为形状后，【前景色】或【背景色】已经不能填充颜色。要想更改其颜色，双击该图层缩览图，打开【拾取颜色】对话框，设置颜色后，单击【确定】按钮，即可更改形状文字颜色。

练习7. 杂志封面的设计

本例将要制作一张杂志封面，使用【横排文字工具】T和【竖排文字工具】IT。在使用文字作为装饰元素时，要注意文字的字体、大小、颜色等参数设置，因为这些都是影响整体效果的基础内容，如图6-45所示。

图6-45　制作杂志封面

提示

选择工具箱中的【横排文字工具】T，在【字符】面板中设置字体为Adobe Caslon Pro、字体样式为Regular、大小为40，单击【小型大写字母】选项。

第7章　图层的基础操作

图层是Photoshop软件中必用且非常实用的工具，且使Photoshop的应用领域更加广泛。在Photoshop编辑图像过程中，它以其独特的层层叠加方式给予创作者无限的便利，使工作者提高创作效率，所以在学习Photoshop软件的过程中，图层的学习是必不可少的，尤其要掌握基础的图层操作，为更深入的学习奠定扎实的基础。

本章主要讲述了图层的基础操作内容，包括认识图层面板及图层的基础操作、图层组的应用、图层的搜索及合并和盖印、智能图层等，使读者能够在Photoshop中灵活地使用图层进行图像制作。

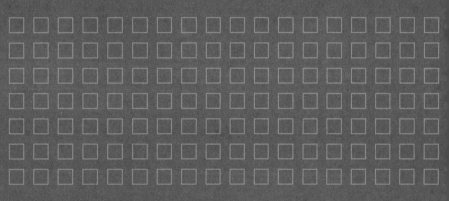

7.1 创建图层

图层的创建有益于图像的编辑，本节主要讲述创建图层及图层面板的应用和图层的基本操作等，帮助读者系统地学习并使用图层，掌握图层的基本操作。

7.1.1 认识图层面板

【图层】面板是进行图像编辑和操作的基础，作品中的每个图像元素，都可以作为一个单独的图层存在，可以将该调板中的图层比作堆叠在一起的透明纸，透过透明区域可以看到下面的内容。当移动图层以调整图层上的内容时，就像移动堆叠在一起的透明纸一样，如图7-1所示。

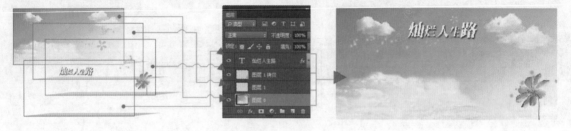

图7-1　图层

【图层】面板是图层操作必不可少的工具，主要是用于显示当前图像的图层信息。如果要显示【图层】面板，用户可以执行【窗口】|【图层】命令（快捷键F7），打开【图层】面板，如图7-2所示。【图层】面板中各个功能与按钮的名称及作用如表7-1所示。

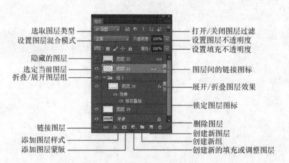

图7-2　【图层】面板

表7-1　【图层】面板中各个功能与按钮的名称及作用

名称	图标	功能
图层混合模式	正常 ‡	在下拉列表中可以选择当前图层的混合模式
图层总体不透明度	不透明度: 100% ‡	在文本框中输入数值可以设置当前图层的不透明度
图层内部不透明度	填充: 100% ‡	在文本框中输入数值可以设置当前图层填充区域的不透明度
锁定	锁定: 图 ✓ ✦ 🔒	可以分别控制图层的编辑、移动、透明区域可编辑性等属性
眼睛图标	◉	单击该图标可以控制当前图层的显示与隐藏状态
链接图层	🔗	表示该图层与作用图层链接在一起，可以同时进行移动、旋转和变换等操作
折叠按钮	▼ ▶	单击该按钮，可以控制图层组展开或者折叠
创建新组	📁	单击该按钮可以创建一个图层组
添加图层样式	fx.	单击该按钮可以在弹出的下拉菜单中选择图层样式选项，为作用图层添加图层样式

续表

名称	图标	功能
添加图层蒙版		单击该按钮可以为当前图层添加蒙版
创建新的填充或调整图层		单击该按钮可以在弹出的下拉菜单中选择一个选项，为作用图层创建新的填充或者调整图层
创建新图层		单击该按钮，可以在作用图层上方新建一个图层，或者复制当前图层
删除图层		单击该按钮，可以删除当前图层

7.1.2 图层的基本操作

在网页图像处理过程中，掌握图层的操作技巧，可以大大地提高工作效率。常用的图层操作包括新建、移动、复制、链接、合并等。

1. 新建图层 ▶▶▶▶

当打开一幅图像，或者新建一个空白画布时，【图层】面板中均会自带"背景"图层。可以通过拖入一幅新图像而自动创建图层，还可以通过命令或者单击按钮来创建空白图层。执行【图层】|【新建】|【图层】命令（快捷键Shift＋Ctrl＋N），或者直接单击【图层】面板底部的【创建新图层】按钮 ，得到空白图层"图层1"，如图7-3所示。

图7-3 创建空白图层

2. 复制图层 ▶▶▶▶

复制图层得到的是当前图层的副本，在【图层】面板中，执行关联菜单中的【复制图层】命令，或者拖动图层至【创建新图层】按钮 上，如图7-4所示，或者直接按快捷键Ctrl＋J都可得到与当前图层具有相同属性的副本图层，如果想在复制图层的同时弹出设置图层对话框，可以按快捷键Ctrl ＋ Alt ＋ J。

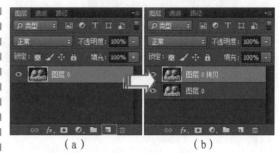

（a） （b）

图7-4 复制图层

3. 删除图层 ▶▶▶▶

删除图层是将一些不需要的图层从图层面板中删除掉，可以根据个人习惯选择删除方法，可以从图层面板中拖动图层到垃圾桶按钮上删除图层，并不需要先选中该层，这是最为常用的删除方法；可以先选中要删除的图层再单击【垃圾桶】按钮，这样会出现一个确认删除的提示；还可以执行【图层】|【删除】|【图层】命令；或者在要删除的图层上右击，选择【删除图层】选项，如图7-5所示。

（a） （b）

图7-5 删除图层

4. 调整图层顺序 ▶▶▶▶

一个设计作品一般都是由多个图层组成的，在实际操作中，很多时候需要调整图层的顺序，以取得更好的效果。调整图层顺序常用

的方法有拖动法和菜单法。拖动法就是在需要调整顺序的图层上按住鼠标左键不放，然后将其拖动到需要的某个图层上方或下方即可。菜单法就是先选中要移动的图层，然后执行PS菜单栏中的【图层】|【排列】|【前移一层】命令，如图7-6所示。除了【前移一层】命令外，后面还有【置为顶层】、【后移一层】、【置为底层】命令，大家可以根据不同的需要选择不同的命令，也可按快捷键Ctrl+]，把当前的图层往上移一层，或按快捷键Ctrl+[，把当前的图层往下移一层。

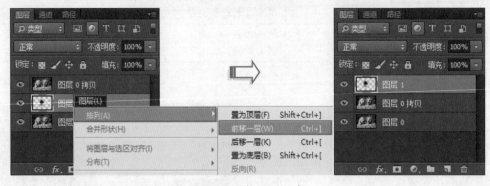

图7-6　调整图层顺序

5.链接图层 >>>>

　　选中多个图层，单击【图层】面板底部的【链接图层】按钮 ⊖ 即可，如图7-7所示，也可以选择图层，右击并选择【链接图层】命令。

图7-7　链接图层

6．调整图层不透明度 >>>>

　　图层的不透明度直接影响图层中图像的透明效果，设置数值在0%～100%之间，数值越大则图像的透明效果越弱，反之则越强。调整图层不透明度的方法是在图层栏上方的【不

透明度】中通过更改数值来调整图层的不透明度，如图7-8所示。

图7-8　调整图层不透明度

7.调整填充不透明度 >>>>

　　当图层中的图像添加了图层样式，例如添加了投影、描边效果等，调整填充不透明度，只更改图像自身的不透明度，投影和描边等样式并不受影响，如图7-9所示。这是填充不透明度与图层不透明度不同的地方。

图7-9　调整填充不透明度

8．锁定图层 >>>>

　　锁定图层可以使全部或部分图层属性不被编辑，如图层的透明区域、图像像素、位置

等，可以对图层进行保护，用户可以根据实际需要锁定图层的不同属性。Photoshop提供了4种锁定方式，如图7-10所示。

图7-10　用于锁定图层的按钮

（1）锁定透明像素

单击该按钮后，图层中的透明区域将不被编辑，而将编辑范围限制在图层的不透明部分。例如，在对图像进行涂抹时，为了保持图像边界的清晰，可以单击该按钮。

（2）锁定图像像素

单击【锁定图像像素】按钮，则无法对图层中的像素进行修改，包括使用绘图工具进行绘制，及使用色彩调整命令等。单击该按钮后，用户只能对图层进行移动和变换操作，也可改变图层不透明度和混合模式，这不属于修改图像的操作，因为图层像素本身并没有被修改，只是更改了表现方式。

（3）锁定位置

单击【锁定位置】按钮，图层中的内容将无法移动，锁定后就不必担心被无意间移动了。

（4）锁定全部

单击该按钮，可以将图层的所有属性锁定，除了可以复制并放入到图层组中以外，其他一切编辑命令将不能应用到图像中。

7.2　编辑图层

7.1节简单讲述了图层的创建及基本操作，那么本节来教会读者编辑图层，包括图层组的创建及应用、图层的搜索功能、图层的合并与盖印、智能图层。

7.2.1　灵活运用图层组

为了方便组织和管理图层，Photoshop提供了图层组的功能。使用图层组功能可以更容易地将多个图层编组进行操作，相对于链接图层更方便、快捷。

单击【图层】调板中的【创建新组】按钮，即可新建一个图层组。然后再创建图层时，就会在图层组里面创建，如图7-11所示。

图7-11　图层

选择多个图层后，执行【图层】调板菜单中的【图层编组】命令（快捷键Ctrl+G），可以将选择的图层放入同一个图层组内，如图7-12所示。

图7-12　图层

提示

选中多个图层，按住Shfit键单击【图层】底部的【创建新组】按钮，同样能够从图层中创建新组。其中，选择图层组，按快捷键Ctrl+Shift+G可以取消图层组。

还可以将当前的图层组嵌套在其他图层组内，这种嵌套结构最多可以为10级，选中图层组中的图层，单击【创建新组】按钮，即可在图层组中创建新组，如图7-13所示。

图7-13　图层

无论图层组中包括多少图层，只要设置该图层组的【不透明度】选项，就可以同时控制该图层组中所有图层的不透明度显示，如图7-14所示。

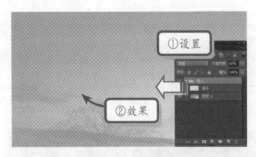

图7-14　不透明度

要删除图层组，可以把要删除的图层组拖动至【删除图层】按钮 🗑 上，可删除该图层组及图层组中的所有图层；如果要保留图层，仅删除图层组，可在选择图层组后单击【删除图层】按钮 🗑，在弹出的对话框中单击【仅组】按钮即可，如图7-15所示。

图7-15　删除图层

7.2.2　图层搜索功能

在【图层】面板的顶部，使用新的过滤选项可帮助快速地在复杂文档中找到关键层。显示基于类型、名称、效果、模式、属性或颜色标签的图层的子集，能够快速锁定用户所需的图层。

1．类型搜索 ▶▶▶▶

类型搜索中包括像素图层滤镜、调整图层滤镜、文字图层滤镜、形状图层滤镜、智能对象滤镜等功能，例如在图层中搜索调整图层滤镜即可，如图7-16所示。

图7-16　类型搜索

2．名称搜索 ▶▶▶▶

名称搜索功能其实很简单，选择名称搜索，在其后面输入要搜索的图层的名称即可，如图7-17所示。

图7-17　名称搜索

3．效果搜索 ▶▶▶▶

效果搜索的功能主要是搜索图层的斜面和浮雕、描边、内阴影、内发光、光泽、叠加、外发光、投影等。例如在图层中搜索外发光，如图7-18所示。

图7-18　效果搜索

4．模式搜索 ▶▶▶▶

模式搜索其实就是搜索图层的混合模式，例如搜索柔光模式，其方法是：选择模式，在子菜单中选择柔光即可，如图7-19所示。

图7-19　模式搜索

5．属性搜索 ▶▶▶▶

属性搜索的功能主要有搜索图层可见、锁定、空、链接的、已剪切、图层蒙版、矢量蒙版、图层效果、高级混合等。例如搜索锁定图层，方法是：选择属性，在子菜单中选择锁定即可，如图7-20所示。

图7-20　属性搜索

6．颜色搜索 ▶▶▶▶

颜色搜索其实是搜索图层的颜色，包括无、红色、橙色、黄色、绿色、蓝色、紫色、

灰色等颜色。例如搜索橙色，方法是：选择颜色，在子菜单中选择橙色即可，如图7-21所示。

图7-21　颜色搜索

7.2.3　图层合并与盖印

越是复杂的图像，其图层数量越多。这样不仅导致图形文件多大，还给存储和携带带来很大的麻烦。这时，可以通过不同方式进行图层合并。

1．向下合并图层 ▶▶▶▶

要想合并相邻的两个图层或组，可以执行【图层】|【向下合并】命令，将其合并为一个图层，如图7-22所示。

图7-22　向下合并

2．合并可见图层 ▶▶▶▶

当【图层】面板中存在隐藏图层时，执行【图层】|【合并可见图层】命令（快捷键为Ctrl+Shift+E），能够将隐藏图层以外的所有图层合并，如图7-23所示。

图7-23　合并可见图层

3. 拼合图像 ▶▶▶▶

拼合图像能够将所有显示的图层合并为【背景】图层。如果【图层】面板中存在隐藏图层，那么必须将其删除，才能够合并所有的图层，如图7-24所示。

图7-24　拼合图像

4. 盖印图层 ▶▶▶▶

在盖印多个选定的图层时，Photoshop将创建一个包含合并内容的新图层，而保留原图层信息不变。其方法是：同时选择多个图层，按Ctrl+Alt+E组合键即可盖印图层，如图7-25所示。

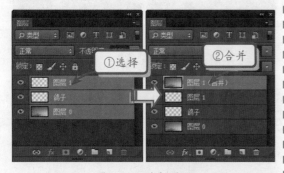

图7-25　盖印图层

如果需要将所用图层的信息合并到一个图层，并且保留源图层的内容。首先选择一个可

见图层，按快捷键Ctrl＋Shift＋Alt＋E盖印可见图层。执行完操作后，所有可见图层被盖印至一个新建的图层中，如图7-26所示。

图7-26　盖印图层

7.2.4　智能图层

智能对象是包含栅格或矢量文件（如Photoshop或Illustrator文件）中的图像数据图层，就是说在对智能对象添加了其他编辑命令后，还可以保留图像的源内容及其所有原始特性，而不会对图层内容进行破坏性的编辑。

在【图层】面板中，右击图像所在图层，选择【转换为智能对象】命令，将普通图层转换为智能图层，如图7-27所示。

图7-27　智能对象

在编辑位图图像时，对图像进行旋转、缩放时容易产生锯齿或图像模糊等。如果在进行这些操作之前，将图像创建为智能对象，那么就可以保持图像的原始信息。

这时按快捷键Ctrl＋T进行成比例缩小后，再次显示变换控制框时，发现工具选项栏中的参数值保持变换后的参数值，如图7-28所示。

图7-28　智能对象

　　双击智能图层缩览图，弹出提示对话框。单击【确定】按钮后，打开一个新文档。该文档为"鸽子"的原始文件，可以看到图层中的内容保持着原始的大小，并没有发生任何变化，如图7-29所示。

图7-29　智能对象

　　将智能图层复制多份，并且将副本图层放置在画布左侧，然后成比例缩小排列，如图7-30所示。

图7-30　智能对象

　　双击"鸽子"图层缩览图，在打开的文档中，通过【填充】命令改变智能对象的颜色，如图7-31所示。

图7-31　填充

　　这时保存该文档中的图像后，返回智能对象所在文档。发现源智能对象更改后，所有的智能对象副本均得到了更新，如图7-32所示。

图7-32　智能对象

Photoshop中的智能对象具有很大的灵活性，将图层转换为智能对象时，可以执行【图层】|【智能对象】|【替换内容】命令，在弹出的【替换文件】对话框中选择将要替换的图像文件，如图7-33所示。

图7-33　替换文件

这时，用新的图片替代源图片，即可更换智能对象，在替换智能对象内容时，其链接的副本智能图层中的内容同时被替换，如图7-34所示。

图7-34　替换文件

当需要导入文件时，可以执行【图层】|【智能对象】|【导出内容】命令，在弹出的【另存为】对话框选择将要保存的图像文件，如图7-35所示。

图7-35　另存为

7.3　案例实战：绘制折扇

中国扇文化有着深厚的文化底蕴，有些室内墙壁上挂有古扇做装饰品，古折扇是其中的一种。本案例的折扇中，牡丹花有富贵之意，水墨画代表中国传统文化。通过使用【自由变换】命令对图像进行变形，然后多次复制变换操作。然后通过调整图层顺序，使其图像在文档中合理层叠，制作一个折扇，如图7-36所示。

练习要点

- 【纤维】命令
- 使用【自由变换】命令
- 复制图层和图层组

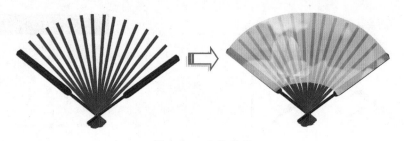

图7-36 图像效果

操作步骤：

STEP|01 绘制、填充及滤镜。新建一个2756×1969像素的文档，使用【钢笔工具】绘制路径，填充褐色。执行【滤镜】|【渲染】|【纤维】命令，如图7-37所示。

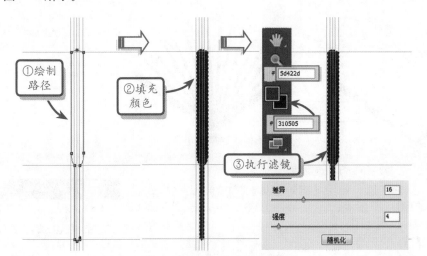

图7-37 绘制、填充及滤镜

STEP|02 图层样式和自由变换。执行【图层】|【图层样式】|【混合模式】命令，添加【斜面和浮雕】样式，执行【自由变换】命令顺时针旋转，如图7-38所示。

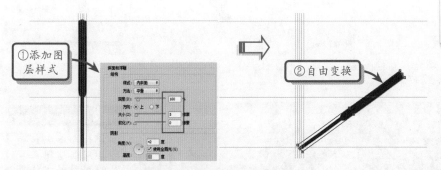

图7-38 图层样式和自由变换

STEP|03 旋转和绘制。复制"扇骨图层"，逆时针旋转图层副本，选择【钢笔工具】绘制图形并填充颜色，如图7-39所示。

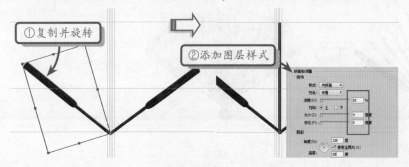

当完成一次变换后，按 Ctrl+Shift+Alt+T 组合键可直接复制并重复上次的变形。

图7-39　旋转和绘制

STEP|04 复制和旋转。按Ctrl+J键复制图层，执行【自由变换】命令，改变中心位置，顺时针旋转。执行【编辑】|【变换】|【再次】命令，重复执行该命令，如图7-40所示。

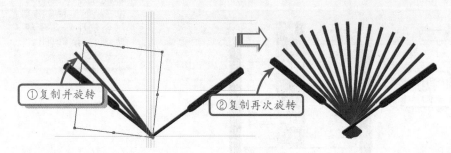

图7-40　复制和旋转

STEP|05 绘制和填充。新建图层，使用【钢笔工具】 绘制扇面并填充，设置不透明度为60%，如图7-41所示。

想合并除背景以外的可见图层，首先将"背景"图层隐藏，然后按 Ctrl+Shift+Alt+E 组合键，将可见的图层合并后，再显示出"背景"图层，即可将除"背景"图层的所有可见图层合并。

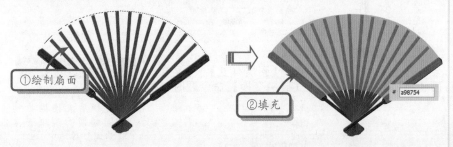

图7-41　绘制和填充

STEP|06 新建图层，填充。新建图层，使用【椭圆工具】 绘制选区填充灰色，添加样式，如图7-42所示。

新建组和复制组的方法同新建图层和复制图层的方法是一样的。
直接单击【创建新组】按钮可新建，将图层组拖至【创建新组】按钮处可复制。

图7-42　新建图层

STEP|07 添加样式和图像蒙板。载入素材设置图层混合模式。选中"图层6"载入扇面选区,进行【自由变换】,单击【添加图层蒙板】按钮,如图7-43所示。

提示

如果感觉颜色不合适可按Ctrl+U调整图像的色相和明度。

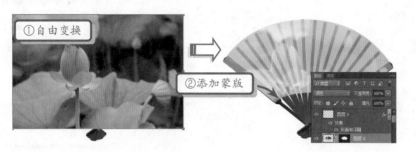

图7-43 添加样式和图像蒙板

7.4 案例实战:制作脱出相框效果

脱出相框效果,是一种简单的合成效果,通过蒙版和【钢笔工具】的结合,首先要使用蒙版把不使用的图像部分隐藏,使用【钢笔工具】抠出梅花,放置在上方,加上投影效果完成操作,如图7-44所示。

练习要点

● 使用蒙板
● 图层的隐藏与显示
● 图层样式

图7-44 脱出相框效果

操作步骤:

STEP|01 载入素材和抠图。新建1024×768像素文档,导入相框素材,使用【矩形选框工具】删去多余的部分,如图7-45所示。

提示

使用钢笔工具绘制完路径后要记得给路径命名,不然再次使用钢笔绘制路径时上一个路径将会自动被代替。

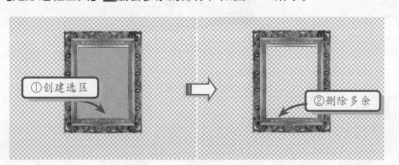

图7-45 载入素材和抠图

STEP|02 载入和涂抹。载入素材，变换移动到合适位置，如图7-46所示。

图7-46 载入和涂抹

STEP|03 新建图层，使用【钢笔工具】 绘制路径，填充黑色，修改不透明度为50%，单击【添加图层蒙版】，填充为黑色，使用【画笔工具】 ，前景色为白色，进行涂抹，如图7-47所示。

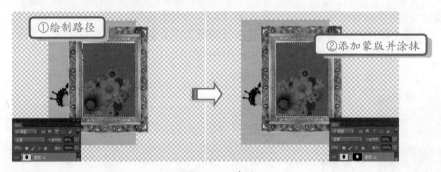

①绘制路径　②添加蒙版并涂抹

图7-47 涂抹

STEP|04 抠出菊花，添加图层样式。暂停用蒙版，抠出菊花和蝴蝶，获取图层，恢复蒙版效果，填充背景为白色，添加【投影】设置参数为默认，如图7-48所示。

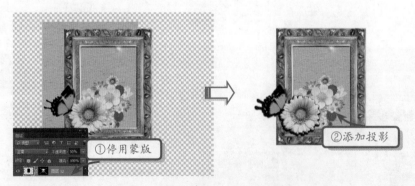

①停用蒙版　②添加投影

图7-48 抠出菊花和添加图层样式

7.5 高手训练营

⬇ 练习1. 相册

本实例主要讲解制作儿童相册，制作过程中主要应用【图层】、【图层蒙版】对素材进行合成。【图层】的应用可以添加多个图片，制作出画面更加丰富的相册，如图7-49所示。

图7-49 相册

练习2. 奇异水果

本实例主要针对Photoshop中图层的应用合
成表情怪诞的奇异水果，制作过程中主要使用
【椭圆选框工具】 绘制眼睛配合【钢笔工
具】 完成表情的绘制，如图7-50所示。

图7-50 奇异水果

练习3. 口红广告

在一些化妆品广告中，往往通过载入一些
相关图片来突出主题。例如口红广告中通过载
入一张嘴唇带有口红的美女，来更好地突出口
红。在Photoshop中，将图层转换为智能对象，
通过复制图像变换操作，将口红图像在广告中
成"扇形"有序地排列出来，加上简洁的文字
概括产品内容，来构成一个完整的口红广告，
如图7-51所示。

图7-51 口红广告

练习4. 夕阳下的飞行

本实例制作的是夕阳下的飞行效果，该效
果的制作主要是通过现有素材图层的组合来完
成的，其中，图层复制、智能对象变换以及中
性色图层的建立与应用等功能是该实例制作过
程中所要掌握的，如图7-52所示。

图7-52 夕阳下的飞行

练习5. 马赛克字母效果

本实例制作的是马赛克字母效果，在制
作过程中，主要通过复制图层与分布链接图层
来制作等距离的方格，而【色板】面板中的色
块则用来为每一个方格填充不同的颜色，如
图7-53所示。

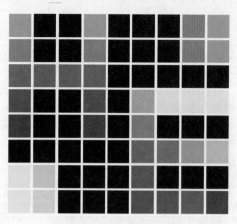

图7-53 马赛克字母效果

技巧

在移动图像时，按住 Shift 键的同时按方向键，能够以 10 像素为单位进行移动。而在图 7-53 中，行间距与列间距均为 5 像素。

提示

在选择颜色进行填充时，要尽量选择同色系的颜色进行填充，这样能够形成色块渐变效果。这里依次填充了红、黄、绿、蓝色系使画面看起来比较和谐。

练习6. 制作名片

名片种类很多，折叠式名片是其中一种。本案例将在Photoshop中，运用图层组名片内页和外页分开制作，并在多图层上绘制图形，通过合理调整图层顺序来调整图像的层叠顺序，制作的折叠式名片如图7-54所示。

图7-54 制作名片

提示

名片中的标志图像代表该公司，Windows 图标图像加以说明是电脑公司，当然少不了还有一些文字附加信息（公司名称、人名、地址和电话等）。

练习7. 制作请柬

请柬是人们在节日和各种喜事中请客用的一种简便邀请信。发请帖表示对客人的尊敬及邀请者的郑重态度，所以请帖在款式和装帧设计上应美观、大方、精致，使被邀请者体会到主人的热情与诚意，感到喜悦和亲切。主要涉及到素材的排版，即图层顺序的调整，如图7-55所示。

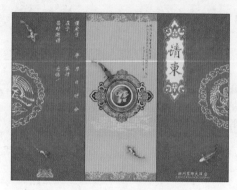

图7-55 制作请柬

注意

请柬的书写有一定的规范，特别是像本案例中涉及到很多的中国元素，要注意它们的位置、寓意及色彩和书法的搭配。

练习8. 排列图层

在生活中常常会遇到前方施工某一路段暂时不能通行的情况，此时会有警示柱围起来。在Photoshop中通过图层的排列可以轻松实现此种效果，如图7-56所示。

图7-56 排列图层

第8章 图层的深化操作

图层的混合模式、图层样式和深化编辑图层是深入学习图层所必须掌握的。在Photoshop中，使用图层混合模式可以创造出许多精彩的图像合成效果，而图层样式是附加于图层内容上的特殊效果，不同的样式效果各异。图层的深化编辑是在修改图层中通过蒙版、组、属性等对图像进行深化调整。灵活运用各种操作不仅可以创造出更加丰富多彩的效果，还可以获得一些意想不到的特殊效果精彩。

本章主要讲述了图层的混合模式的叙述及应用、图层样式的基本操作和效果、图层的深化编辑等，通过图层操作，来创造优秀的图像作品。

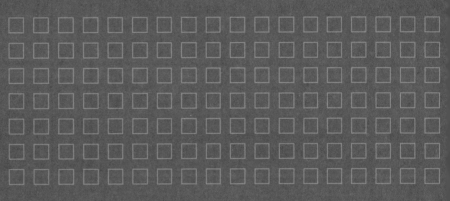

8.1 图层的混合模式

如果用户注意的话，在Photoshop中的各个角落都可以看到【混合模式】的身影，例如工具选项栏中、【图层】调板中、【新建图层】对话框中等。这说明【混合模式】在Photoshop中充当着重要的角色，它的作用是不可忽视的。

8.1.1 混合模式概述

【混合模式】在Photoshop中充当着重要的角色，下面我们从【混合模式】的概念、术语以及所出现的场合为用户做详细介绍。使用户对【混合模式】有一个初步的认识。

1．混合模式的概念 ▶▶▶▶

【混合模式】其实是像素之间的混合，像素值发生改变，从而呈现不同的颜色外观。使用【混合模式】可以创建各种特殊效果。

2．基色、混合色与结果色 ▶▶▶▶

基色是做混合之前位于原处的色彩或图像；混合色是被溶解于基色或是图像之上的色彩或图像；结果色是混合后得到的颜色。

例如，画家在画布上面绘画，那么画布的颜色就是基色。画家使用画笔在颜料盒中选取一种颜色在画布上涂抹，这个被选取的颜色就是混合色。被选取颜色涂抹的区域所产生的颜色为结果色，如图8-1所示。

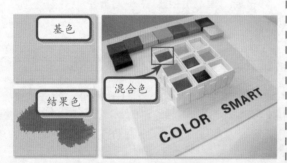

图8-1 基色、混合色与结果色

当画家再次选择一种颜色涂抹时，画布上现有的颜色就成为基色。而在颜料盒中选取的颜色为混合色，再次在画布上涂抹，它们一起生成了新的颜色，这个颜色为结果色，如图8-2所示。

图8-2 基色、混合色与结果色

3．混合模式的三种类型图层 ▶▶▶▶

【混合模式】在图像处理中主要用于颜色调整和混合图像。使用【混合模式】进行颜色调整时，会利用源图层副本与源图层进行混合，从而达到调整图像颜色的目的。在编辑过程中会出现三种不同类型的图层，即同源图层、异源图层和灰色图层。

(1)同源图层

"背景副本"图层是由"背景"图层复制而来，两个图层完全相同，那么"背景副本"图层称为"背景"图层的同源图层，如图8-3所示。

图8-3 同源图层

使用【色相/饱和度】命令，更改"背景副本"图层的色相，然后设置其混合模式，同样可以把"背景副本"图层称为"背景"图层的同源图层。虽然图像的色相改变了，但与

"背景"图层相比，像素的原来位置并没有发生变化，如图8-4所示。

注释

在 Photoshop 中，同源图层通常是以【混合模式】的形式，与图像颜色调整命令一起对图像进行更加精确和复杂的颜色调整。

图8-4　同源图层

（2）异源图层

"图层1"是从外面拖入的一个图层，并不是通过复制"背景"图层而得到的。那么"图层1"称为"背景"图层的异源图层，如图8-5所示。

图8-5　异源图层

如果对"背景副本"图层进行缩放、旋转、透视等改变像素的操作后，"背景副本"与"背景"图层失去了一一对应的关系，那么"背景副本"图层也称为"背景"图层的异源图层，如图8-6所示。

图8-6　异源图层

（3）灰色图层

"图层1"是通过添加滤镜得到的，这种整个图层只有一种颜色值的图层通常称为灰色图层。最典型的灰色图层是50%中性灰图层。灰色图层既可以由同源图层生成，也可以由异源图层得到，因此，既可以用于图像的色彩调整，也可以进行特殊的图像拼合，如图8-7所示。

图8-7　灰色图层

提示

灰色图层既可以由同源图层生成，也可以由异源图层得到，因此，既可以用于图像的色彩调整，也可以进行特殊的图像拼合。

8.1.2　组合模式与加深模式

1．组合模式 >>>>

组合模式主要包括【正常】和【溶解】选项，【正常】模式和【溶解】模式的效果都不依赖于其他图层，【正常】模式属于每个图层的默认模式；【溶解】模式出现的噪点效果是它本身形成的，与其他图层无关。

1) 正常模式

【正常】混合模式的实质是用混合色的像素完全替换基色的像素,使其直接成为结果色。在实际应用中,通常是用一个图层的一部分去遮盖其下面的图层,如图8-8所示。

图8-8 【正常】模式

【正常】模式是运用一种颜色直接覆盖原有颜色的作用原理,在Photoshop混合模式中被称为【正常】模式。基色为花朵的原色(红色),混合色为改变后的颜色(黄色),结果色为调整后花朵的颜色,如图8-9所示。

(a)

(b)

图8-9 【正常】模式

提示

只要是新建的图层,它的图层混合模式就是【正常】模式。图层混合模式还可以保存,例如设置当前图层为某个混合模式选项后,保存并关闭文档,再次打开该文档时,就可以看到该图层所设置的混合模式选项。

2) 溶解模式

【溶解】模式的作用原理是同底层的原始颜色交替以创建一种类似扩散抖动的效果,这种效果是随机生成的,如图8-10所示。

图8-10 【溶解】模式

注释

【溶解】模式好比在一张白纸上撒上一层厚厚的沙子,不能够看到底层的白纸。当沙子的密度变小时,就可以看到底层的白纸,类似于在白纸上添加了一种纹理效果。

通常在【溶解】模式中采用颜色或图像样本的【不透明度】越低,颜色或图像样本同原始图像像素抖动的频率就越高,如图8-11所示。

图8-11 【溶解】模式

2. 加深模式 ▶▶▶▶

【加深】模式是使图像变暗的模式,两张图像叠加,选择图像中最黑的颜色在结果色中显示。在该模式中,主要包括【变暗】模式、【正片叠底】模式、【颜色加深】模式、【线性加深】模式和【深色】模式。

1）变暗模式

该模式通过比较上下层像素后，取相对较暗的像素作为输出。每个不同颜色通道的像素都会独立地进行比较，色彩值相对较小的作为输出结果，下层表示叠放次序位于下面的那个图层，上层表示叠放次序位于上面的那个图层，如图8-12所示。

图8-12 【变暗】模式

> **提示**
>
> 在选择绘画工具时，运用【变暗】模式，涂抹的颜色如果比原有的颜色亮，则没有变化；涂抹的颜色如果比原有的颜色暗，则替换原来的颜色。

2）正片叠底模式

该模式的工作原理是：查看每个通道中的颜色信息，并将基色与混合色复合，结果色总是较暗的颜色。任何颜色与白色混合保持不变，当用黑色或白色以外的颜色绘画时，绘画工具绘制的连续描边产生逐渐变暗的颜色，如图8-13所示。

> **提示**
>
> 【正片叠底】模式与【变暗】模式不同的是，前者通常在加深图像时颜色过渡效果比较柔和，这有利于保留原有的轮廓和阴影。

图8-13 【正片叠底】模式

要理解【正片叠底】模式必须要有一点想象力，将当前图层及其下面的图像想象成透明幻灯片上的两张照片。将这两张幻灯片叠放在一起，并且对着光线时，此时就模拟了【正片叠底】模式的效果。由于光线要穿过两张幻灯片，因此在两个图层都包含的区域颜色要变暗，如图8-14所示。

图8-14 【正片叠底】模式

3）颜色加深模式

【颜色加深】模式通过查看每个通道中的颜色信息，并通过增加对比度使基色变暗以反映混合色。与白色混合后不产生变化，【颜色加深】模式对当前图层中的颜色减少亮度值，这样就可以产生更明显的颜色变换，如图8-15所示。

图8-15 【颜色加深】模式

【颜色加深】模式是一种通过混合色来控制基色反差的混合模式。通过【颜色加深】模式结合滤镜的应用可以实现特殊的冰川特效，如图8-16所示。

（a）

（b）

图8-16 【颜色加深】模式

4）线性加深模式

当使用【正片叠底】模式使图像过暗时，可以使用【线性加深】使颜色亮一些。此模式对当前图层中的颜色减少亮度值，这样就可以产生更明显的颜色变换。它与【颜色加深】模式不同的是：【颜色加深】模式产生鲜艳的效果，而【线性加深】模式产生更平缓的效果，如图8-17所示。

图8-17 【线性加深】模式

提示

【线性加深】的原理是：查看每个通道中的颜色信息，并通过减小亮度使基色变暗以反映混合色。与白色混合后不发生变化。

5）深色模式

选择该模式后，Photoshop将自动检测红、绿、蓝三个通道中的颜色信息，比较混合色和基色的所有通道值的总和并显示色值较小的颜色。【深色】模式不会生成第三种颜色，因为它将从基色和混合色中选择最小的通道值来创建结果颜色，如图8-18所示。

图8-18 【深色】模式

提示

深色对于图像自身的混合不产生变化，深色混合模式有点接近于【阈值】命令。

8.1.3 减淡模式与对比模式

1. 减淡模式 ▶▶▶▶

减淡模式可以使黑色完全消失，任何比黑色亮的区域都可能加亮下面的图像。该类型的模式主要包括【变亮】模式、【滤色】模式、【颜色减淡】模式、【线性减淡】模式和【浅色】模式。

1）变亮模式

【变亮】模式的工作原理是：查看每个通道中的颜色信息，并选择基色或混合色中较亮的颜色作为结果色。比混合色暗的像素被替换，比混合色亮的像素保持不变，如图8-19所示。

图8-19 【变亮】模式

2）滤色模式

【滤色】模式的原理是：查看每个通道的颜色信息，并将混合色与基色复合，结果色总是较亮的颜色。用黑色过滤时颜色保持不变；用白色过滤将产生白色，如图8-20所示。

图8-20　【滤色】模式

3）颜色减淡模式

【颜色减淡】模式的工作原理是：通过查看每个通道中的颜色信息，并通过增加对比度使基色变亮以反映混合色，与黑色混合则不发生变化，如图8-21所示。

图8-21　【颜色减淡】模式

4）线性减淡模式

【线性减淡】模式的工作原理是：查看每个通道的颜色信息，并通过增加亮度使基色变亮以反映混合色。与黑色混合不发生变化，如图8-22所示。

图8-22　【线性减淡】模式

5）浅色模式

【浅色】模式自动检测红、绿、蓝通道中的颜色信息，比较混合色和基色的所有通道值的总和并显示值较大的颜色。【浅色】模式不会生成第三种颜色，因为它将从基色和混合色中选择最大的通道值来创建结果颜色，如图8-23所示。

图8-23　【浅色】模式

2．对比模式 ▶▶▶▶

对比模式组综合了加深和减淡模式的特点，在进行混合时，50%的灰色会完全消失，任何高于50%灰色的区域都可能加亮下面的图像；而低于50%灰色的区域都可能使底层图像变暗，从而增加图像的对比度。

该类型模式主要包括【叠加】模式、【柔光】模式、【强光】模式、【亮光】模式、【线性光】模式、【点光】模式和【实色混合】模式。

1）叠加模式

【叠加】模式是对颜色进行正片叠底或过滤，具体取决于基色。图案或颜色在现有像素上叠加，同时保留基色的明暗对比。不替换基色，但基色与混合色互相混合以反映颜色的亮度或暗度，如图8-24所示。

图8-24 【叠加】模式

2）柔光模式

【柔光】模式会产生一种柔光照射的效果，此效果与发散的聚光灯照在图像上的效果相似。如果【混合色】颜色比【基色】颜色的像素更亮一些，那么【结果色】将更亮；如果【混合色】颜色比【基色】颜色的像素更暗一些，那么【结果色】颜色将更暗，使图像的亮度反差增大，如图8-25所示。

技巧

如果混合色比50%灰色亮，则图像变亮，就像减淡了一样；如果混合色比50%灰色暗，则图像变暗，就像被加深了一样。

提示

【柔光】模式是由混合色控制基色的混合方式，这一点与【强光】模式相同，但是混合后的图像却更加接近【叠加】模式的效果。因此，从某种意义上来说，【柔光】模式似乎是一个综合了【叠加】和【强光】两种模式特点的混合模式。

图8-25 【柔光】模式

3）强光模式

【强光】模式的作用原理是：复合或过滤颜色，具体取决混合色。此效果与耀眼的聚光

灯照在图像上的效果相似，如图8-26所示。

图8-26 【强光】模式

4）亮光模式

【亮光】模式的工作原理是：通过增加或减小对比度来加深或减淡颜色，具体取决于混合色。如果混合色（光源）比50%灰色亮，则通过减小对比度使图像变亮；如果混合色比50%灰色暗，则通过增加对比度使图像变暗，如图8-27所示。

图8-27 【亮光】模式

提示

【亮光】模式是叠加模式组中对颜色饱和度影响最大的一种混合模式。混合色图层上的像素色阶越接近高光和暗调，反映在混合后的图像上的对应区域反差就越大。利用【亮光】模式的特点，用户可以给图像的特定区域增加非常艳丽的颜色。

5）线性光模式

【线性光】模式的工作原理是：通过减小或增加亮度来加深或减淡颜色，具体取决于混合色。如果混合色（光源）比50%灰色亮，则通过增加亮度使图像变亮；如果混合色比50%灰色暗，则通过减小亮度使图像变暗，如图8-28所示。

图8-28　【线性光】模式

6）点光模式

　　【点光】混合模式的原理是：根据混合色替换颜色，具体取决于混合色。如果混合色（光源）比50%灰色亮，则替换比混合色暗的像素，而不改变比混合色亮的像素；如果混合色比50%灰色暗，则替换比混合色亮的像素，比混合色暗的像素保持不变，如图8-29所示。

图8-29　【点光】模式

7）实色混合模式

　　【实色混合】模式的工作原理是：将混合颜色的红色、绿色和蓝色通道值添加到基色的RGB值。如果通道的结果总和大于或等于255，则值为255；如果小于255，则值为0。因此，所有混合像素的红色、绿色和蓝色通道值要么是0，要么是255。这会将所有像素更改为原色，如红色、绿色、蓝色、青色、黄色、洋红、白色或黑色，如图8-30所示。

图8-30　【实色混合】模式

8.1.4　比较模式与色彩模式

1．比较模式 >>>>

　　比较模式组主要是【差值】模式和【排除】模式。这两种模式彼此很相似，它们将上层和下面的图像进行对较，寻找二者中完全相同的区域。使相同的区域显示为黑色，而所有不相同的区域则显示为灰度层次或彩色。

　　在最终结果中，越接近于黑色的不相同区域，就与下面的图像越相似。在这些模式中，上层的白色会使下面图像上显示的内容反相，而上层中的黑色则不会改变下面的图像。

> **技巧**
>
> 【实色混合】模式的实质，是将图像的颜色通道由灰色图像转换为黑白位图。

1）差值模式

　　【差值】模式的工作原理是：通过查看每个通道中的颜色信息，并从基色中减去混合色，或从混合色中减去基色，具体取决于哪一个颜色的亮度值更大。与白色混合将反转基色值，与黑色混合则不产生变化，如图8-31所示。

图8-31　【差值】模式

2）排除模式

　　【排除】模式主要用于创建一种与【差值】模式相似，但对比度更低的效果。与白色混合将反转基色值，与黑色混合则不发生变化。

　　这种模式通常使用频率不是很高，不过通过该模式能够得到梦幻般的怀旧效果。这种模式产生一种比【差值】模式更柔和、更明亮的效果，如图8-32所示。

图8-32　【排除】模式

3）【减去】模式

该模式的工作原理是查看每个通道中的颜色信息，并从基色中减去混合色。在8位和16位图像中，任何生成的负片值都会剪切为零，如图8-33所示。

图8-33　【减去】模式

4）【划分】模式

该模式的工作原理是查看每个通道中的颜色信息，并从基色中划分混合色，如图8-34所示。

图8-34　【划分】模式

2．色彩模式 ▶▶▶▶

色彩模式组主要将上面图层中的一种或两种特性应用到下面的图像中，产生最终效果。该模式组主要包括【色相】模式、【饱和度】模式、【颜色】模式和【明度】模式。

1）色相模式

【色相】模式原理是：用基色的明亮度和饱和度以及混合色的色相来创建结果色，如图8-35所示。

图8-35　【色相】模式

2）饱和度模式

【饱和度】模式的工作原理是：用基色的明亮度和色相，以及混合色的饱和度来创建结果色。绘画在无饱和度（灰色）的区域上，使用此模式绘画不会发生任何变化。饱和度决定图像显示出多少色彩。如果没有饱和度，就不会存在任何颜色，只会留下灰色。饱和度越高，区域内的颜色就越鲜艳。当所有对象都饱和时，最终得到的几乎就是荧光色了，如图8-36所示。

图8-36　【饱和度】模式

3）颜色模式

【颜色】模式的工作原理是：用基色的明亮度，以及混合色的色相和饱和度创建结果色。这样可以保留图像中的灰阶，并且对于给单色图像上色和给彩色图像着色都会非常有用，如图8-37所示。

图8-37 【颜色】模式

【颜色】模式能够使灰色图像的阴影或轮廓透过着色的颜色显示出来，产生某种色彩化的效果。这样可以保留图像中的灰阶，并且对于给单色图像上色和给彩色图像着色都会非常有用。使用【颜色】模式为单色图像着色，能够使其呈现怀旧感。

4）明度模式

【明度】模式的工作原理是：用基色的色相和饱和度，以及混合色的明亮度创建结果色。此模式创建与【颜色】模式相反的效果。这种模式可将图像的亮度信息应用到下面图像中的颜色上。它不能改变颜色，也不能改变颜色的饱和度，而只能改变下面图像的亮度，如图8-38所示。

图8-38 【明度】模式

8.2 案例实战：制作梦幻图像

那种亦梦亦幻的图片是否令你心向往之？本案例将在Photoshop中运用【滤色】模式调整曝光不足的照片，结合【高斯模糊】命令，可以制作出如梦如幻的画面效果，如图8-39所示。

练习要点

● 滤色模式
● 【高斯模糊】命令

提示

通过，打开【窗口】|【直方图】观察图像的基调。

图8-39 梦幻图片

操作步骤：

STEP|01 观察和调整图像。打开素材图片，观察直方图，发现图像整体色调偏暗。复制【背景】图层，设置【背景拷贝】图层混合模式，如图8-40所示。

图8-40　观察和调整图像

STEP|02 添加滤镜和调整图像。执行【滤镜】|【模糊】|【高斯模糊】命令使图像呈现出朦胧的效果，复制"背景拷贝"图层，设置图层混合模式继续提亮图像，如图8-41所示。

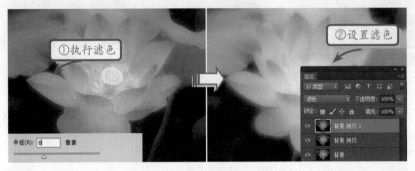

图8-41　添加滤镜和调整图像

STEP|03 调整通道。最后在【通道】选项中，选择红色通道，进行调整。

8.3　案例实战：为图像着色

黑白照片着色有许多种方法，在众多方法中最快捷、简便的要数混合模式着色法了，下面就通过使用【画笔工具】✐为黑白照片着色为用户介绍【颜色】模式的运用，如图8-42所示。

图8-42　为图像着色

操作步骤：

STEP|01 载入素材和背景着色及设置混合模式。打开配套素材图片，新建图层，使用【画笔工具】✐为人物背景着色，设置"图层1"的混合模式为【颜色】，如图8-43所示。

图8-43 载入素材和背景着色及设置混合模式

STEP|02 继续为背景和头发着色。新建新图层，使用【画笔工具】 再次为人物背景着色，然后再新建图层，为头发着色，设置"图层2"和"图层3"的混合模式为【颜色】，如图8-44所示。

图8-44 继续为背景和头发着色

STEP|03 继续为头发和围巾着色。新建"图层4"，使用【画笔工具】 继续为头发着色，并设置其图层混合模式和不透明度为60%，继续新建"图层5"和"图层6"，同样使用【画笔工具】 为人物的围巾着色，设置其图层混合模式，如图8-45所示。

图8-45 继续为头发和围巾着色

STEP|04 为衣服和皮肤着色。新建"图层7"，使用【画笔工具】 继续为衣服着色，并设置其图层混合模式，继续新建"图层8"和"图层9"，分别同样使用【画笔工具】 为人物的皮肤着色，并设置其图层混合模式，然后设置"图层9"的不透明度为50%，如图8-46所示。

图8-46 为衣服和皮肤着色

技巧

使用【颜色】模式为单色图像着色可做出呈现怀旧感的相片。

提示

【颜色】模式能够使用【混合色】颜色的饱和度值和色相值同时进行着色，而使基色颜色的亮度值保持不变。【颜色】模式可以看成是【饱和度】模式和【色相】模式的综合效果。

STEP|05 再次为皮肤和眼睛着色。新建"图层10"，使用【画笔工具】 ✐ 继续为皮肤着色，并设置其图层混合模式和不透明度为70%，继续新建 "图层11"，同样使用【画笔工具】 ✐ 为人物的眼睛着色，并设置其图层 混合模式，如图8-47所示。

图8-47 再次为皮肤和眼睛着色

STEP|06 再次为皮肤、眼睛和嘴唇着色。新建"图层12"，使用【画笔工 具】 ✐ 继续为皮肤和眼睛着色，并设置其图层混合模式，继续新建"图层 13"，同样使用【画笔工具】 ✐ 为人物的嘴唇着色，并设置其图层混合模 式，如图8-48所示。

图8-48 再次为皮肤、眼睛和嘴唇着色

STEP|07 盖印图层和调整图像。在最上方新建图层，按Shift+Ctrl+Alt+E 键盖印可见图层，使用【色相/饱和度】命令，增大图像的饱和度，使用 【曲线】命令为图像增加效果，如图8-49所示。

> **提示**
>
> 按 Ctrl+Shift+Alt+E 组合键盖印图层。 这样把图层合并在 一个图层上，而且 分图层还在，有利 于以后对图像进行 更改。

图8-49 盖印图层和调整图像

8.4 图层样式

图层样式是附加于图层内容上的一种特殊 效果。使用这些样式可以为图像、文字或是图 形添加诸如阴影、发光或浮雕等10种不同的图 像效果。在每个样式的对话框中，分别设置不 同的参数，其最终的效果也不尽相同。

8.4.1 图层样式的基本操作

为图层添加样式后，用户还可以对图层样式进行操作，例如修改样式、复制样式、清除样式、缩放样式等，以方便管理样式和快速地利用样式实现最终效果。

1. 自定义图层样式 ▶▶▶▶

在【图层样式】对话框中，还可以将设置好的样式添加到【样式】面板中，以便以后重复使用。方法是：在【图层样式】对话框中单击【新建样式】按钮，在弹出的对话框中设置样式的名称，然后在【样式】面板中就可以查看到自定义的样式，如图8-50所示。

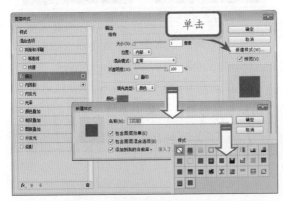

图8-50 【图层样式】对话框

技巧

单击【样式】面板右上角的小三角，在弹出的关联菜单中，既可以选择样式效果显示的方式，也可以载入Photoshop自带的样式，还可以通过【载入样式】命令，载入外部样式。

2. 复制与转移图层样式 ▶▶▶▶

在进行图形设计过程中，经常会遇到多个图层使用同一个样式，或者需要将已经创建好的样式，从当前图层移动到另外一个图层上去的情况。

当需要将样式效果从一个图层复制到另一个图层中时，只需按住Alt键，同时拖动到另一个图层中即可，如图8-51所示。

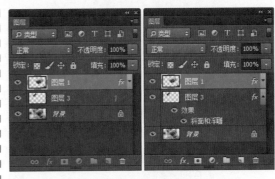

图8-51 复制图层样式

当需要将一个样式效果转移到另外一个图层中时，只需要拖动样式到另一个图层中，即可将样式转移到另一个图层中，如图8-52所示。

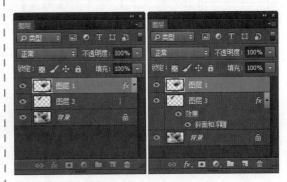

图8-52 转移图层样式

3. 缩放样式效果 ▶▶▶▶

在使用图层样式时，有些样式可能已针对目标分辨率和指定大小的特写进行过微调，因此，就有可能产生应用样式的结果与样本的效果不一致的现象，如图8-53所示。

图8-53 缩放样式效果

选择缩小图像所在图层，执行【图层】|【图层样式】|【缩放效果】命令。弹出【缩放图层效果】对话框，设置样式的缩放比例参数与图像缩放相同，发现样式效果与缩放前相同，如图8-54所示。

图8-54　缩放样式效果

8.4.2　混合选项

混合选项用来控制图层填充的不透明度，以及当前图层与其他图层的像素混合效果。双击图层，打开【图层样式】后，显示的是【混合选项】的参数设置区域。【常规混合】选项组主要包括【混合模式】和【不透明度】两项。

1. 填充不透明度 ▶▶▶▶

在【高级混合】选项组中，【填充不透明度】选项只影响图层中绘制的像素或形状，对图层样式和混合模式不起作用。使用【填充不透明度】可以在隐藏图像的同时依然显示图层效果，这样可以创建出隐形的投影或透明浮雕效果，如图8-55所示。

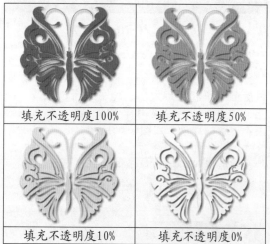

填充不透明度100%	填充不透明度50%
填充不透明度10%	填充不透明度0%

图8-55　填充不透明度

2. 通道 ▶▶▶▶

【通道】选项用于在混合图层或图层组时，将混合效果限制在指定的通道内，未被选择的通道被排除在混合之外。例如白色的鸽子图层与黑色背景图层的混合效果，每禁用一个通道，都会生成与其颜色相反的色调，如图8-56所示。

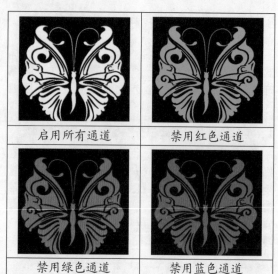

启用所有通道	禁用红色通道
禁用绿色通道	禁用蓝色通道

图8-56　通道

3. 挖空 ▶▶▶▶

【挖空】选项决定了目标图层及其图层效果是如何穿透图层或图层组，以显示其下面图层的。在【挖空】下拉列表中包括【无】、【浅】和【深】三种方式，分别用来设置当前层挖空并显示下面层内容的方式，如图8-57所示。

图8-57　挖空

> **注意**
>
> 如果没有背景层，那么挖空则一直到透明区域。另外，如果希望创建挖空效果的话，需要降低图层的填充不透明度，或是改变混合模式，否则图层挖空效果不可见。

8.4.3　投影和内阴影

利用投影和内阴影样式，可以制作出物体逼真的阴影效果，并且还可以对阴影的颜色、大小及清晰度进行精确的控制，从而使物体富有空间感。

1. 投影效果 ▶▶▶

为图像添加投影样式，能够使图像具有层次感。在【图层样式】对话框中，启用【投影】选项，可以在图层内容的后面添加阴影。该选项中的各个参数的作用如下。

(1) 混合模式：用来确定图层样式与下一图层的混合方式，可以包括也可以不包括现有图层。

(2) 角度：用于确定效果应用于图层时所采用的光照角度，如图8-58所示。

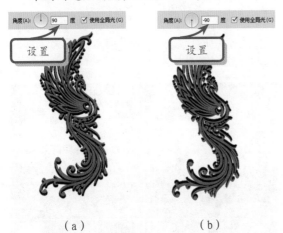

（a）　　　　　　　（b）

图8-58　角度

(3) 距离：用来指定偏移的距离。

(4) 扩展：用来扩大杂边边界，可以得到较硬的效果，如图8-59所示。

（a）　　　　　　　（b）

图8-59　扩展

(5) 大小：指定模糊的数量或暗调大小，如图8-60所示。

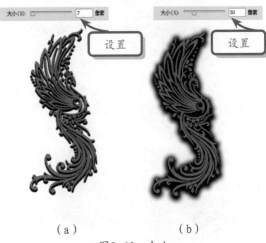

（a）　　　　　　　（b）

图8-60　大小

(6) 消除锯齿：用于混合等高线或光泽等高线的边缘像素。对尺寸小且具有复杂等高线的阴影最有用。

(7) 杂色：由于投影效果都是由一些平滑的渐变构成的，在有些场合可能产生莫尔条纹，添加杂色就可以消除这种现象。它的作用和杂色滤镜是相同的，如图8-61所示。

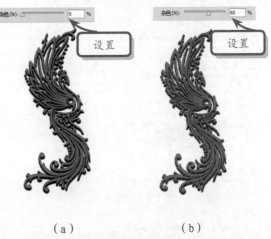

（a）　　　　　　　（b）

图8-61　杂色

(8) 图层挖空投影：这是和图层填充选项有关系的一个选项。当将填充不透明度设为0%时，启用该选项，图层内容下的区域是透明的；禁用该选项，图层内容下的区域是被填充的。

2. 内阴影效果 ▶▶▶

【内阴影】效果用于紧靠图层内容的边缘内添加阴影，使图层具有凹陷外观。该样式的参数和设置方法与投影样式的相同。

在设置内阴影样式时，例如增加【杂色】选项的参数，可创建出模仿点绘效果的图像，如图8-62所示。

（a）　　　　　　　（b）

图8-62　内阴影

8.4.4　外发光和内发光

【外发光】和【内发光】是两个模仿发光效果的图层样式，它可在图像外侧或内侧添加单色或渐变发光效果，如图8-63所示。

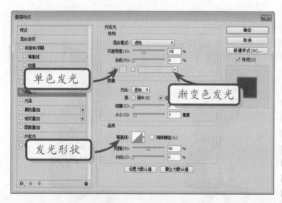

图8-63　外发光

1. 外发光效果 ▶▶▶▶

外发光就是让物体边缘出现光晕效果，从而使该物体更加鲜亮、更加吸引浏览者的目光。启用【图层样式】对话框中的【外发光】选项，右侧显示相应的参数。

提示

在设置外发光时，背景的颜色尽量选择深色，以便于显示出设置的发光效果。

通过设置发光的方式，可以为图像添加单色或是渐变发光效果，如图8-64所示。

图8-64　外发光效果

在【外发光】选项卡中，选择【等高线】下拉列表中的选项，可以获得效果更为丰富的发光样式，如图8-65所示。

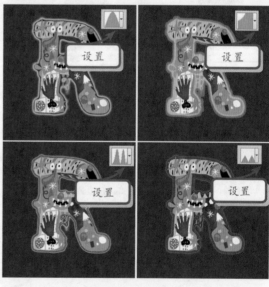

图8-65　外发光

技巧

等高线决定了物体特有的材质，物体哪里应该凹陷、哪里应该凸出可以由等高线来控制，而利用图层样式的好处就在于可以随意控制等高线，以控制图像侧面的光线变化。

2. 内发光效果 ▶▶▶▶

内发光效果的选项设置与外发光基本相同，内发光样式多了针对发光源的选择。一种是由图像内部向边缘发光，一种是由图像边缘向图像内部发光，如图8-66所示。

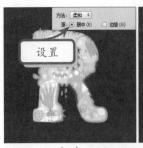 

（a） （b）

图8-66 内发光效果

提示

【内发光】效果的强弱也可以通过调节【不透明度】选项来实现。因为【不透明度】的默认参数值为75%，所以其效果并不是最强的。

8.4.5 斜面和浮雕

【斜面和浮雕】样式可以为图像和文字制作出真实的立体效果。它是通过对图像添加高光与暗部来模仿立体效果的。更改其对话框中的各个选项，可以控制浮雕样式的强弱、大小、明暗变化等效果，以设置出不同效果的浮雕样式。

1. 样式 >>>>

【样式】选项可以为图像添加各种不同的立体效果，其中包括5种样式。

（1）**外斜面**：在图像外边缘创建斜面效果，如图8-67所示。

图8-67 外斜面

（2）**内斜面**：在图像内边缘上创建斜面效果，如图8-68所示。

图8-68 外斜面

（3）**浮雕效果**：创建使图像相对于下层图像凸出的效果，如图8-69所示。

图8-69 浮雕效果

（4）**枕状浮雕**：创建将图像边缘凹陷进入下层图层中的效果，如图8-70所示。

图8-70 枕状浮雕

（5）描边浮雕：在图层描边效果的边界上创建浮雕效果，如图8-71所示。

图8-71　描边浮雕

2．方法 ▶▶▶▶

【斜面和浮雕】样式中的【方法】选项可以控制浮雕效果的强弱。其中包括三个级别，分别是【平滑】、【雕刻清晰】和【雕刻柔合】。

（1）平滑：可稍微模糊杂边的边缘，用于所有类型的杂边，不保留大尺寸的细节特写，如图8-72所示。

图8-72　平滑

（2）雕刻清晰：主要用于消除锯齿形状（如文字）的硬边杂边，保留细节特写的能力优于【平滑】选项，如图8-73所示。

图8-73　雕刻清晰

（3）雕刻柔和：没有【雕刻清晰】描写细节的能力精确，主要应用于较大范围的杂边，如图8-74所示。

图8-74　雕刻柔和

3．其他 ▶▶▶▶

当用户使用Photoshop绘制金属效果时，经常会用到【光泽等高线】中的选项，它不仅能够创建有光泽的金属外观，还可以绘制其质感效果。

单击【等高线】下拉列表，从弹出的列表中可选择不同的选项，以获得各种光泽效果，如图8-75所示。

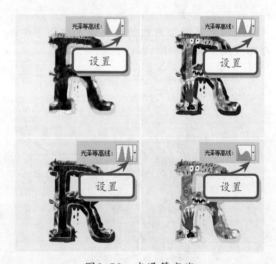

图8-75　光泽等高线

4．等高线 ▶▶▶▶

在【斜面和浮雕】样式中，除了能够设置【光泽等高线】选项外，还可以设置【等高线】选项。前者的设置只会影响虚拟的高光层和阴影层；后者则为对象本身赋予条纹状效果，如图8-76所示。

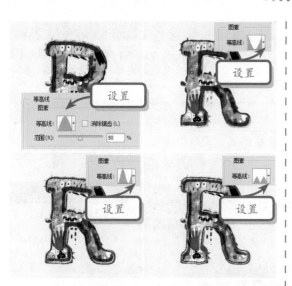

图8-76 等高线

8.4.6 叠加样式

叠加样式可以将渐变的图像再编辑，具有一定的灵活性，并可随时对添加的叠加样式进行修改。叠加样式中包括颜色叠加、渐变叠加和图案叠加。它们分别可用颜色、渐变或图案来填充当前的图层内容。

1．颜色叠加 >>>>

【颜色叠加】是一个既简单又实用的样式，其作用实际上相当于为图像着色。只有启用【颜色叠加】选项，才能为图像填充默认的红色，如图8-77所示。

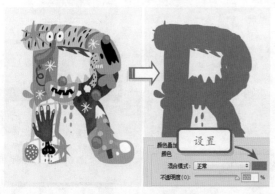

图8-77 颜色叠加

在该样式中，可以设置叠加的颜色、颜色混合模式以及不透明度，从而改变叠加色彩的效果，如图8-78所示。

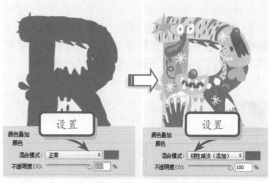

图8-78 颜色叠加

2．渐变叠加 >>>>

【渐变叠加】覆盖图像的颜色主要以渐变色为主。在【渐变叠加】的复选框内还可以改变渐变的样式和角度，如图8-79所示。

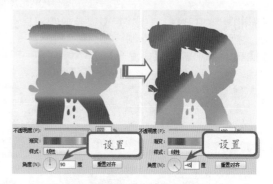

图8-79 渐变叠加

在画布中单击并拖动光标，即可改变渐变颜色的显示位置。如果要设置渐变颜色的显示效果，可以设置【缩放】参数值，如图8-80所示。

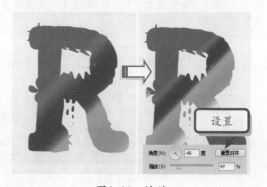

图8-80 缩放

3. 图案叠加 ▶▶▶▶

使用【图案叠加】样式可在图层内容上添加各种预设或自定义的图案。在打开的图案库中，单击图案方块，选择要填充的图案。

8.5 案例实战：制作POP果冻字

POP字体是一些绘制比较活泼可爱的文字，是吸引顾客有效的视觉手段，是商场超市等做促销时的惯用字体。冰激凌专卖店也不例外，字体以轻盈的蓝色调为主，并且带有果冻感觉。在Photoshop中，运用一些【图层样式】可以制作字体效果，如图8-81所示。

练习要点

- 渐变叠加
- 投影
- 内阴影
- 外发光
- 内发光
- 斜面和浮雕
- 高等线

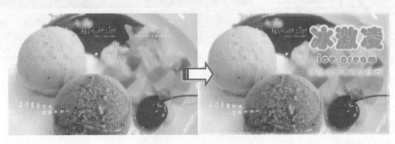

图8-81　制作POP果冻字

STEP|01 打开素材，复制图像，设置图层样式。选择【文件】|【打开】命令，打开素材文件。复制"图层0"图层为"图层0拷贝"，打开【图层样式】对话框，启用【内发光】选项，如图8-82所示。

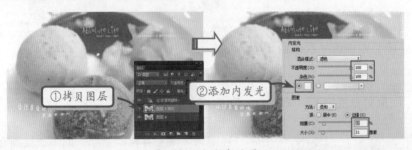

① 拷贝图层　　② 添加内发光

图8-82　内发光效果

STEP|02 输入文字和添加投影。使用【横排文字工具】，输入"冰激凌"。执行【图层】|【图层样式】|【投影】命令，设置其他参数，如图8-83所示。

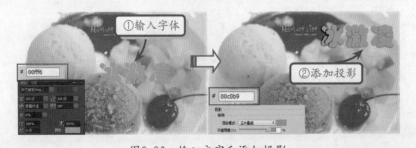

① 输入字体　　② 添加投影

图8-83　输入文字和添加投影

STEP|03 添加内阴影和外发光。在【图层样式】对话框中，分别启用【内阴影】和【外发光】选项，并设置其参数，如图8-84所示。

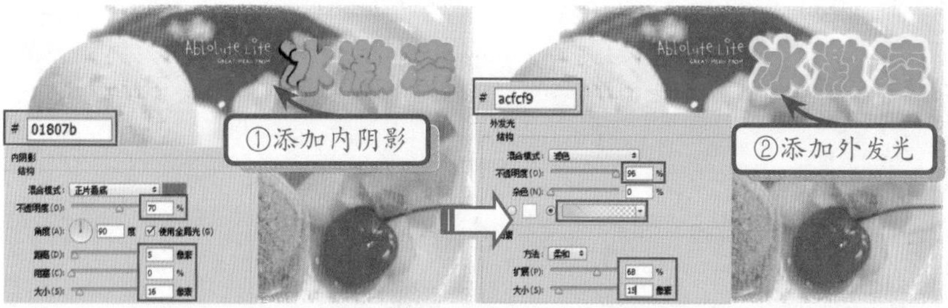

图8-84 添加内阴影和外发光

STEP|04 添加内发光及斜面和浮雕。在【图层样式】对话框中，分别启用【内发光】和【斜面和浮雕】，并设置其参数，如图8-85所示。

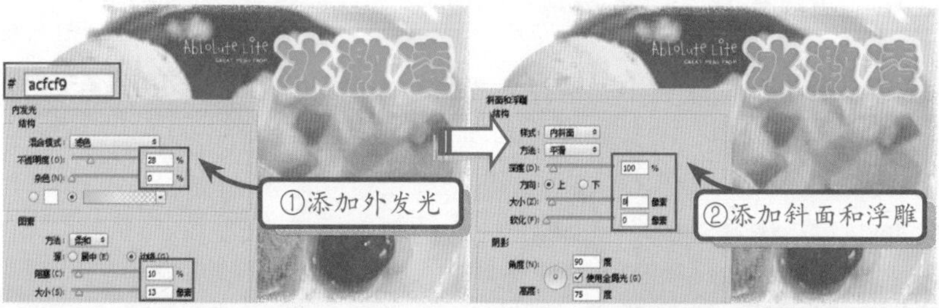

图8-85 添加内发光及斜面和浮雕

STEP|05 设置等高线和光泽。在【图层样式】对话框中，分别启用【等高线】和【光泽】选项，并设置其参数，如图8-86所示。

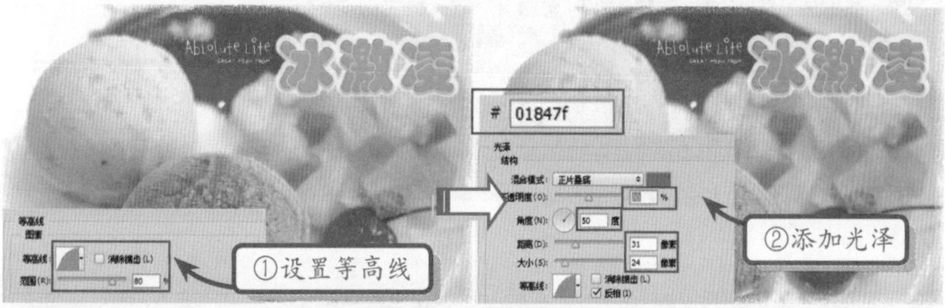

图8-86 设置等高线和光泽

STEP|06 输入字母和拷贝图层样式。使用【横排文字工具】，输入字母。选中“冰激凌”文字图层，拷贝图层样式。选中字母图层并右击，选择【粘贴图层样式】命令。执行【图层】|【图层样式】|【缩放效果】命令，如图8-87所示。

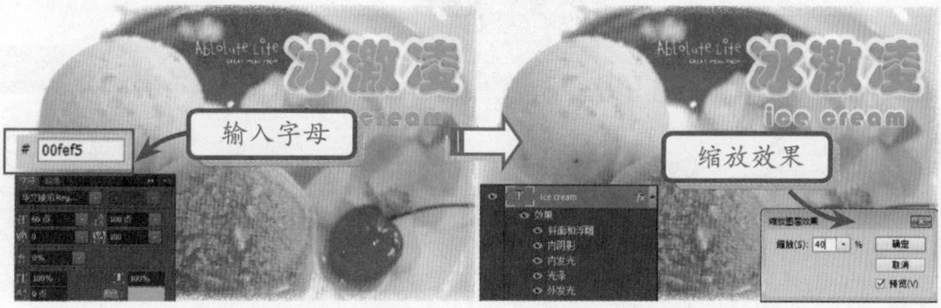

图8-87 输入字母和拷贝图层样式

提示

【光泽】样式可以使图像的表面出现光滑的阴影效果，它是根据图像的形状来应用阴影效果的，通过设置【距离】来控制光泽范围。

提示

【等高线】样式不仅只有文档配备的几种，还可以自定义调整设置。单击等高线方块，即可弹出【等高编辑器对话框】，然后进行设置。

STEP|07 输入文字和外发光。使用【横排文字工具】T，输入"不同水果味道冰激凌"。在【图层样式】对话框中，启用【外放光】选项，并设置其参数，如图8-88所示。

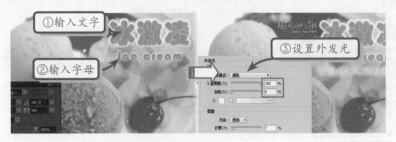

图8-88 输入文字和外发光

8.6 案例实战：制作放大镜效果

本例制作放大镜放大效果，在制作的过程中，通过对投影、内阴影、外发光、内发光、斜面和浮雕、颜色叠加、渐变叠加、光泽和描边功能的运用，来制作逼真的放大镜效果，如图8-89所示。

图8-89 制作放大镜效果

练习要点

- 投影
- 内阴影
- 外发光
- 内发光
- 斜面和浮雕
- 颜色叠加
- 渐变叠加
- 光泽
- 描边

操作步骤：

STEP|01 新建和绘制选区。新建1024×768像素、命名为"放大镜效果"的文档，置入"放大镜"素材。并新建图层使用【椭圆形选框工具】○绘制选区、填充黑色，如图8-90所示。

提示

选择【椭圆形选框工具】○，按住Shift绘制正圆选区。绘制选区前一定要新建图层，以免填充到其他图层不利于修改。

图8-90 新建和绘制选区

提示

设置填充的参数应在不影响图层样式的前提下降低图层的不透明度。

STEP|02 设置填充和添加图层样式。降低图层的【填充】参数，执行【图层】|【图层样式】|【投影】和【内阴影】命令，如图8-91所示。

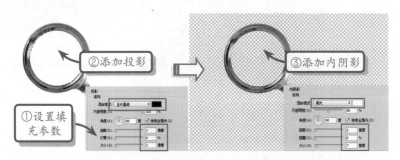

图8-91 设置填充和添加图层样式

STEP|03 添加图层样式。启用【外发光】和【内发光】命令，分别设置其混合模式和参数，如图8-92所示。

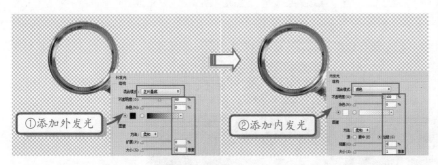

图8-92 添加图层样式

STEP|04 添加图层模式。启用【斜面和浮雕】命令，设置各项参数，并选择【等高线】进行设置。再启用【颜色叠加】命令，设置各项参数，如图8-93所示。

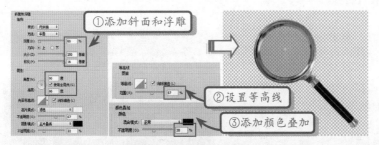

图8-93 添加图层模式

STEP|05 添加图层样式。双击"图层1"，弹出【图层样式】对话框，启用【渐变叠加】和【光泽】命令，设置各项参数，如图8-94所示。

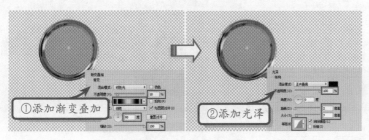

图8-94 添加图层样式

提示

在【图层样式】中调整不同的参数大小会出现不同的效果，例如在【斜面和浮雕】样式中调整其【大小】和【柔化】值所产生的不同效果。

提示

（1）载入"书"素材后要注意调整图层的位置。
（2）调整好变换中的位置后可直接按住Shift+Alt组合键进行放大。
（3）按住Shift键在"图层2副本"上建立选区或选中"图层2副本"，按住Ctrl键单击"图层1"的缩览图将更加精确地建立选区。

STEP|06 添加描边和载入素材。启用【描边】命令，设置参数，拖入"秋景"素材图片，放置在合适的位置，如图8-95所示。

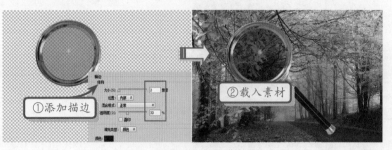

①添加描边　②载入素材

图8-95　添加描边和载入素材

STEP|07 复制、放大和删除图像并颜色叠加。复制"图层2"图层，按Ctrl+T键进行自由变换，将变换中心点移动到放大镜中间位置，进行放大，选择"图层1"，选出镜面的选区，然后再选择"图层2副本"，反选并删除，然后添加【颜色叠加】图层样式，如图8-96所示。

②放大图像　③绘制并填充

①复制图层

图8-96　复制、放大和删除图像

8.7 深化编辑图层

当用户处理高级图像时，需要经常对图像进行修改和调整，在这个过程中会对图像的颜色信息产生破坏，调整图层功能的运用就是在处理图像过程中不破坏图像颜色信息，它起到一个重复修改并保留源图像的作用。

8.7.1 创建修改图层

Photoshop的修改图层功能中，包括填充图层和调整图层两个功能类型，它们提供了处理图像的多个途径，且操作简单、快速。

1. 填充图层 》》》》

填充图层功能可以为图像快速填充单色、渐变颜色与图案来改变图像的效果。在【图层】面板底部单击【创建新的填充或调整图层】按钮，在弹出的菜单中选择【渐变】选项，打开【渐变填充】对话框，设置其参数，图像则添加一层渐变颜色，如图8-97所示。

②选择

①单击

图8-97　填充图层

在【渐变填充】对话框中可以设置图像的渐变样式、角度等选项，来满足用户在创意设计中的需要。

然后选择【图案】命令，打开【图案填充】对话框，选择一种图案，然后在【图层】面板中设置其混合模式为【叠加】，图像则会出现一种特殊的纹理效果，如图8-98所示。

图8-98 图案填充

2．调整图层 >>>>

调整图层的功能是将颜色调整命令中的参数以修改图层方式保留在【图层】面板中，形成调整图层来改变图像效果，如图8-99所示。

图8-99 调整图层

无论是填充图层还是调整图层，图像的最终效果发生变化，但是"背景"图层中的原图像并没有任何改变。如果将填充图层或调整图层隐藏，那么图像就会返回到原始效果。

8.7.2 调整面板

调整图层是一种特殊的图层，它本身并不包括任何真实的像素，而是记录图像调整命令的参数，它只作用于调整图层下的所有应用图层。【调整】面板中提供了重复操作与查看源图像的快捷方法，这样使得图层参数可依据图像变化来调整。

1．创建调整图层 >>>>

调整图层中的所有子命令均可以在【图像】|【调整】菜单中找到。在默认情况下，使用【新建调整图层】中的命令与使用【图像】|【调整】菜单中的命令，得到的效果是相同的。只是调整图层可以随时更改命令中的参数，以改变最终效果。

在【图层】调板中选择【创建新的色相/饱和度调整图层】，在创建调整图层的同时，相应的命令对话框打开，参数设置完成后图像效果发生变化，如图8-100所示。

图8-100 创建调整图层

2．查看源图像 >>>>

在设置【调整】面板中的参数的同时，图像效果也发生相应的变化。要想查看源图像效果，在【调整】面板中包括两种方法。一种是单击【切换图层可见性】按钮 ，隐藏调整图层，如图8-101所示。

图8-101　创建调整图层

另外一种方法是通过查看上一状态查看源文件。当第一次设置参数后，单击【查看上一状态】按钮，图像显示源图像效果，释放鼠标，返回设置效果，如图8-102所示。

图8-102　所示

3．复位与删除调整图层 ▶▶▶▶

要想重新设置颜色参数，可以单击面板中的【复位】按钮，这时还原图像效果，保留调整图层，如图8-103所示。

图8-103　复位与删除调整图层

如果要删除调整图层，直接单击【删除】按钮即可，如图8-104所示。

图8-104　复位与删除调整图层

如果面板中进行了两次或者两次以上的设置，那么【复位】按钮具有两个功能。第一次单击【复位到上一状态】按钮，参数返回上一次设置状态，如图8-105所示。

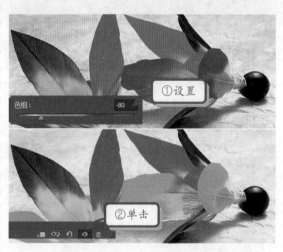

图8-105　复位与删除调整图层

再次单击【复位到调整默认值】按钮，参数返回初始状态。

4．转换调整图层内容 ▶▶▶▶

调整图层是记录颜色调整命令中的参数，所以可以随时更改设置好的参数来改变调整效果。

在彩色图像文档中，在图层面板底部单击【创建新的填充或调整图层】按钮，为其创建"色相/饱和度"调整图层，调整相应的色相参数，图像颜色信息发生相应的变化，如图8-106所示。

图8-106 转换调整图层内容

调整后的图像效果并不是一成不变的，执行【图层】|【图层内容选项】命令，或者直接双击调整图层的图层缩览图，再次打开【色相/饱和度】对话框，重新设置不同的色相，图像的颜色信息将发生变化，如图8-107所示。

图8-107 转换调整图层内容

提示

无论设置多少个不同参数，在【图层】调板中始终只有一个调整图层，调整的参数信息都保存在这个调整图层之中，图像依据参数发生相应的变化。

8.7.3 通过蒙版限制调整范围

创建的调整图层本身带有一个图层蒙版，在默认情况下，创建的是显示全部的图层蒙版，是对整个画布进行调整的。如果想对局部进行调整，则可以通过不同的方式来实现，例如选区、路径、剪贴蒙版与图层组等。

1．通过选区限制范围

当图像中存在选区时，创建调整图层，选区的范围会自动转换到调整图层的图层蒙版中，选区的颜色将被填充为白色区域，如图8-108所示。

图8-108 通过选区限制范围

技巧

如果背景区域不是连续的区域，那么可以在按Shift键的同时选中不同的区域。

如果在蒙版面板中单击【停用／启用蒙版】按钮，选择【停用图层蒙版】命令，那么调整图层中设置的参数会应用到整个图像中，如图8-109所示。

图8-109 通过选区限制范围

2．通过路径限制范围 ▶▶▶▶

在默认情况下创建的调整图层中，自带的是图层蒙版，如果画布中已经建立了闭合式路径，那么再创建调整图层中的蒙版则变成矢量蒙版，如图8-110所示。

图8-110 通过路径限制范围

创建带有矢量蒙版的调整图层后,【路径】调板中会新建一个临时路径。使用【直接选择工具】可以对矢量蒙版中的路径进行修改,调整图层的范围也会随之改变。

3. 通过剪贴蒙版限制范围 ▶▶▶▶

首先在包含透明像素与不透明像素的图像中创建修改图层,并设置调整的参数。图像中所有的图层都会发生相应的变化,如图8-111所示。

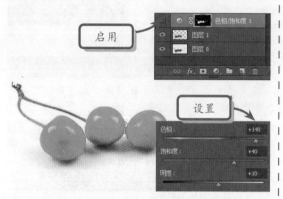

图8-111 通过剪贴蒙版限制范围

8.7.4 通过图层组限制范围

当图像文档中的图层众多时,除了前面介绍的剪贴蒙版外,还可以通过图层组方式来控制调整图层的作用范围。

选择需要进行效果组合的图像图层组合成图层组,在图层组内的图层上添加【色相/饱和度】调整图层,如图8-112所示。

图8-112 图层组

在【色相/饱和度】对话框中,设置【明度】选项为负值,完成后由于图层组本身自带的【混合模式】为【穿透】选项,画布中所有图像的明度都降低,图像背景也变成黑色,如图8-113所示。

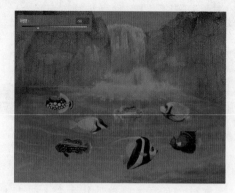

图8-113 图层组

图层组的默认混合模式为穿透,表示该图层组没有混合属性,因此在图层组中创建的调整图层仍作用于其下方的所有图层,这里包括图层组外的"背景"图层。

选中"组1"图层组,设置该图层组的【合模式】为【正常】选项,图层组中的图像还是黑色,而背景图像返回原来的色调,如图8-114所示。

图8-114 图层组

当图层组设置为其他混合模式后,会将该图层组中所有的图层效果视为一幅单独的图像,设置图层组的【混合模式】为【正常】,所以"背景"图层返回原来的色调。

根据图层组的混合模式属性，利用不同的混合模式将该效果与图层组下面的图像混合，如图8-115所示。

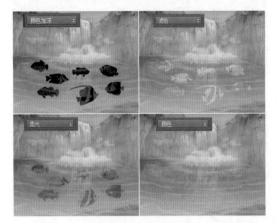

图8-115 图层组

8.7.5 通过图层属性调整强度

当通过调整图层改变原图像效果后，其强度是相同的，这时可以通过调整图层的【不透明度】、【混合颜色带】与【图层蒙版】选项来控制其强度。

1．调整图层不透明度 ▶▶▶

调整图层本身具有【不透明度】选项，通过降低其【不透明度】选项，逐渐减少调整后的效果，随之显示原图像效果，来减轻调整效果的强度，如图8-116所示。

不透明度100%　　不透明度50%

不透明度25%　　不透明度5%

图8-116 不透明度

2．调整图层混合模式 ▶▶▶

混合模式用来设置图层的混合效果，以增强和改善图像效果，在调整图层中也可以使用混合模式，通过它来改善调整效果，如图8-117所示。

色相/饱和度　　色阶

色调分离　　渐变填充

图8-117 混合模式

创建调整图层后，并不是调整命令的操作完成，在后期还可以通过改变调整图层中的样式属性来改变调整图层最初的效果。调整图层的混合模式可以改善调整效果，也可以创建很多特殊的图像效果，如图8-118所示。

图案填充正常混合模式　　变亮混合模式

实色混合模式　　色相混合模式

图8-118 混合模式

3．调整图层样式 >>>>

调整图层除了基本的【不透明度】和【混合模式】等属性外，还具有普通图层的【图层样式】功能。在调整图层中添加某些图层样式，可以创建特殊效果。依据调整图层与图层样式结合得到的效果文档比使用其他方法得到同样效果的文档大小要小得多，如图8-119所示。

添加纹理图层样式　　添加光泽图层样式

添加渐变叠加图层样式　　添加颜色图层样式

图8-119　调整图层样式

4．合并调整图层 >>>>

调整图层与普通图层一样，也可以合并图层，但是调整图层的合并图层有些会影响整个图像的效果，如图8-120所示。

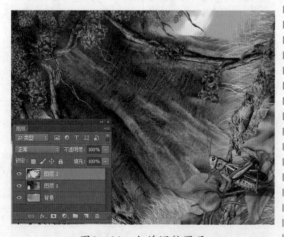

图8-120　合并调整图层

制作一个由多个图层组成的图像，选中"图层1"，创建"色相/饱和度"调整图层，调整每个图层的色调，如图8-121所示。

图8-121　合并调整图层

创建调整图层完成后，执行【图层】|【合并可见图层】/【拼合图像】命令，合并图层后调整效果不变，如图8-122所示。

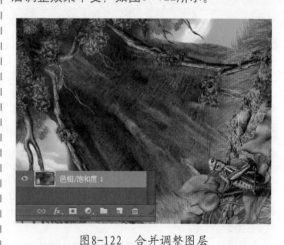

图8-122　合并调整图层

在完成创建调整图层后，按Shift键的同时选中调整图层与其上方的"图层2"，合并图层后图像中的调整效果消失，如图8-123所示。

图8-123　合并调整图层

8.7.6 通过图层蒙版调整强度

在调整图层自建的图层蒙版中，填充黑白色可以控制调整的范围，要是在图层蒙版中加入黑、白、灰三种色调，依次分别为0%～100%的数值，则会在整个图像中逐渐降低调整强度。

首先，在图像上添加调整图层为照片滤镜命令，设置颜色数值为00FF36，这时图像颜色信息都处于绿色遮罩中，如图8-124所示。

图8-124　图层蒙版

选择【矩形选框工具】，在调整图层蒙版的中下部分建立选区并填充黑色，调整图层蒙版的黑色区域，呈现出原图像的颜色信息，如图8-125所示。

图8-125　图层蒙版

提示

同样使用黑色在蒙版中涂抹可以清除调整效果，灰色在蒙版中涂抹则可以减弱调整强度。蒙版中的灰色越深，调整强度越弱。

选择【矩形选框工具】，在调整图层蒙版的中部建立选区并填充灰色，如图8-126所示。

图8-126　图层蒙版

提示

白色在蒙版中涂抹则保持调整强度不变。

通过图层蒙版原理创建调整图层后，可以在整个图像中的任何区域减弱或者清除调整强度。

在属性面板中，蒙版区域中的浓度值代表的是图层蒙版中黑色的填充浓度，羽化值表示黑色填充区域边缘的黑色填充程度，如图8-127所示。

图8-127　图层蒙版

8.8 案例实战：炫丽酷车

一张普通的照片，如果能合理地加上了一些高光装饰，会有超美的视觉效果。本案例将具体介绍潮流照片的制作过程：制作之前先渲染一下光源的色彩，然后新建一个图层组，用简单的方法制作一些平行的光束并加上一些装饰的光点，最后用滤镜加上一些烟雾即可完成，效果如图8-128所示。

图8-128 炫丽酷车

提示

创建的调整图层本身带有一个【图层蒙版】，在默认情况下，创建的是显示全部的【图层蒙版】，是对整个画布进行调整的。如果想对局部进行调整，则可以通过不同的方式来实现，例如选区、路径、剪贴蒙版与图层组等。

操作步骤：

STEP|01 导入素材图片，按快捷键Ctrl+J复制背景图层为"图层1"，执行【图层】|【新建调整图层】|【色相/饱和度】命令，打开【调整色相/饱和度】对话框，设置参数，如图8-129所示。

图8-129 调整色相|饱和度

提示

当图像中存在选区时，创建调整图层，选区的范围会自动转换到调整图层的【图层蒙版】中，选区将被填充为白色区域。
在调整面板中设置调整的参数，图像调整的效果将被运用在【图层蒙版】的白色区域内。

STEP|02 绘制和设置图层。创建新组，命名为A，并在该组中新建"光源"图层。设置前景色，选择【画笔工具】 绘制光源，并将图层【混合模式】设置为【变亮】设置【不透明度】，如图8-130所示。

图8-130 绘制和设置图层

STEP|03　绘制和调整选区。新建图层，设置前景色。使用【矩形选框工具】■创建选区。使用画笔绘制"光片"。设置【不透明度】，并拉长"光片"，如图8-131所示。

图8-131　绘制和调整选区

STEP|04　复制和绘制图像。旋转"光片"放在"光点"上，并复制6个"光片"图层，调整大小和位置。新建图层，设置前景色为白色，使用画笔在"光点"上绘制发光颗粒，如图8-132所示。

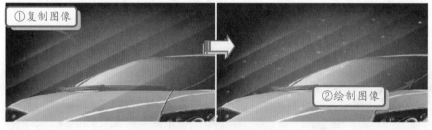

图8-132　复制和绘制图像

STEP|05　复制和调整图层组。选择"图层组A"复制两次，并更改名为B、C图层组。调整B、C图层组的大小和位置，如图8-133所示。

图8-133　复制和调整图层组

STEP|06　添加滤镜和蒙版。新建图层，设置前背景色为默认。执行【滤镜】|【渲染】|【云彩】命令，并设置为【滤色】，添加【图层蒙版】，使用【画笔工具】把多余的云彩涂抹掉，如图8-134所示。

①添加滤镜
②调整图层
④涂抹
③添加蒙版

图8-134　添加滤镜和蒙版

提示

图层组的默认混合模式为【穿透】，表示该图层组没有混合属性，因此在图层组中创建的调整图层仍作用于其下方的所有图层，这里包括图层组外的"背景"图层。

8.9　高手训练营

练习1．制作字"玉佩"

玉佩是玉器中的一种，属于中国元素，中国古语有"君子无故，玉不去身"之说。为了在一些字中能形象体现玉的感觉，在Photoshop中，可以运用【图层式样】中的【投影】、【内阴影】、【内发光】和【斜面和浮雕】等选项，来制作玉佩两个字，如图8-135所示。

图8-135　制作玉佩字

练习2．黑白照片上色

在设计创作的时候，都会搜寻一些必要的图片素材，但是往往有些图像的颜色信息不太适合于当时设计创作的需要，可是又找不到更好的素材运用，在这种情况可以对图像进行上色处理。本练习以添加【图层蒙版】结合【调整】面板中的不同设置和【混合模式】运用的方法对黑白照片进行上色，如图8-136所示。

图8-136　黑白照片上色

提示

调整后的图像效果并不是一成不变的，执行【图层】|【图层内容选项】命令，或者直接双击调整图层的图层缩览图，再次打开【色相／饱和度】对话框，重新设置不同的色相，图像的颜色信息将发生变化。

练习3．打造艳丽科幻图片

在创作之前搜索所需图片的过程中，总会遇到图片风格合适但图片的色彩并不满意的情况。本练习将一幅整体感觉比较模糊、色彩较黯淡的图片，通过运用【调整图层】命令将其打造成色彩艳丽的梦幻美图，如图8-137所示。

图8-137　打造艳丽科幻图片

提示

调整原图像的效果与通过调整图层改变原图像效果强度是相同的。这时可以通过调整图层的【不透明度】、【混合模式】与【图层蒙版】选项来控制其强度。

练习4．制作电影海报

电影海报的画面整体色调为蓝色，突出大海的特征，其中，主要通过Photoshop中的【匹配颜色】命令，使主题物和背景色调一致，然后通过混合模式的调整增强画面颜色之间的对比，从而具有更强烈的视觉冲击力，如图8-138所示。

图8-138　制作电影海报

练习5. 商业海报设计

本练习为时装海报设计，画面采用特异的制作手法以突出主题。它打破了常规的思考方法，使画面达到出其不意的效果。这种风格的制作重点在于如何使用【渐变映射】命令，调整图像的整体色调，如图8-139所示。

图8-139　商业海报设计

练习6. 海报设计

海报设计是一种视觉传达的表现形式，要想通过版面构成把人们在几秒钟之内吸引住，并获得瞬间的刺激，这就要求设计师既要做到准确到位，又要有独特的版面创意形式。本案例制作在海报画面主题采用胶片负冲的效果，与深色背景形成强烈的对比。本练习主要

通过【反相】命令实现手的胶片负冲效果，然后结合【色相／饱和度】命令调整其色相，如图8-140所示。

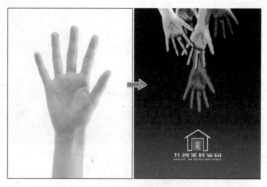

图8-140　海报设计

练习7. 浪漫日历

以艳丽的色彩、唯美的风格所构成的日历彩页可以让用户产生舒畅的心情和眼前一亮的效果。本案例是用几张图片，通过使用图层的【混合模式】中的各种选项以达到跟原图片截然不同的效果，如图8-141所示。

图8-141　混合模式

练习8. 霓虹灯

霓虹灯是夜间用来吸引顾客，或装饰夜景的彩色灯，所以用"霓"和"虹"这两种美丽的东西来作为这种灯的名字。本实例主要针对【图层样式】的应用制作霓虹灯。制作过程中主要应用到了【图层样式】中的【投影】、【外发光】、【内发光】、【颜色叠加】等样式，绘制立体、发光的效果，如图8-142所示。

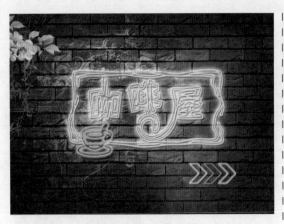

图8-142　霓虹灯

图8-143　提高照片亮度

⬇ 练习9．提高照片亮度

　　由于光线不足，拍摄出来的照片效果不是太好，能否通过后期处理来调整拍出来的灰蒙蒙的照片？在Photoshop中，通过复制图层，将其副本图层【混合模式】设置为【滤色】，从而提高照片亮度，如图8-143所示。

提示

　　【混合模式】中【滤色】选项提高照片亮度，所针对的照片是只存在光线不足问题的，而不存在重影、严重模糊等无法观看的现象的。
　　【滤色】是使底层图像变亮的一种模式，在默认状态下，它的变亮程度一般属于曝光。本案例中，复制图层，是为了确保图像中的每一个颜色像素位置都对应。选择【滤色】选项，是因为该选项在图层混合以后不会丢失太多的颜色像素。

第9章 通道和蒙版的应用

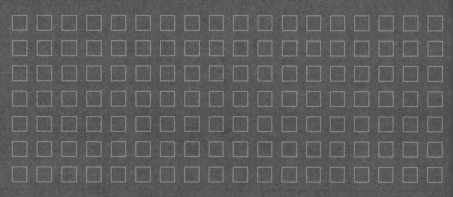

人常说"通道是核心，蒙版是灵魂"，足可见通道和蒙版在Photoshop软件中的地位非常重要。只有理解通道和蒙版的意思、作用才能更好地应用通道和蒙版。在Photoshop软件中通道主要用来保存图像的颜色信息和选区，并可以提取局部图像、纠正图像色彩，以及编辑较为复杂的选区等。蒙版是处理图像的高级编辑功能，也是编辑和绘制特殊效果的基础。

本章主要介绍通道和蒙版在Photoshop中的各种使用方法和技巧，以帮助读者认识通道和蒙版，并且通过学习、熟练地应用通道和蒙版精确深入地处理图像。

Photoshop

9.1 认识通道

通道简单地说即是选区。本节主要讲述了图像与通道的联系、通道的原理、认识及应用通道、通道的类型等，以帮助读者认识和应用通道来编辑图像，向深入的Photoshop技巧迈入。

9.1.1 图像与通道

当打开一幅图像后，系统会自动创建颜色信息通道。执行【窗口】|【通道】命令，即可在【通道】面板中查看该图像的复合通道和单色通道。在Photoshop中，不同的颜色模式图像，其通道组合各不相同，并且在【通道】面板中显示的单色通道也会有所不同，如图9-1所示。

图9-1 【通道】面板

1．通道原理 ▶▶▶▶

图像与通道是相连的，也可以理解为通道是存储不同类型信息的灰度图像。通道中的RGB分别代表红、绿、蓝三种颜色。它们通过不同比例的混合，构成了彩色图像。

在【通道】面板中，按住Ctrl键单击红色通道缩览图，载入该通道中的选区。在【图层】面板中新建"图层1"，并且填充红色（#FF0000），得到红色通道图像效果，如图9-2所示。

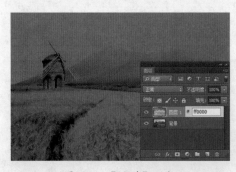

图9-2 【通道】面板

2．RGB模式通道 ▶▶▶▶

RGB模式是Photoshop默认的图像模式，它将自然界的光线视为由红、绿、蓝三种基本颜色组合而成，因此，它是24（8×3）位/像素的三通道图像模式。电脑屏幕上的所有颜色，都由红色、绿色、蓝色三种色光按照不同的比例混合而成的，如图9-3所示。

| 红通道 | 绿通道 | 蓝通道 |

图9-3 RGB模式

RGB的参数值是指亮度，并使用整数来表示。通常情况下，RGB各有256级亮度，用数字表示为从0、1、2…直到255。在一幅图像中从RGB通道的明度上就反映了图像的显示信息，如图9-4所示。

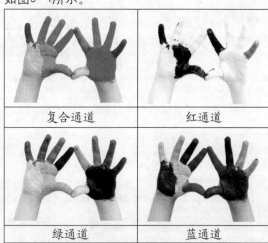

| 复合通道 | 红通道 |
| 绿通道 | 蓝通道 |

图9-4 RGB通道明度

3．CMYK模式通道 ▶▶▶▶

CMYK模式属于印刷颜色，该模式包括4个单色通道，分别为青色、洋红色、黄色和黑色。CMYK通道的灰度图和RGB类似，是一种含量多少的表示。

传统的印刷机有4个印刷滚筒（形象比喻，实际情况有所区别），分别负责印制青色、洋红色、黄色和黑色。一张白纸进入印刷机后要被印4次，先被印上图像中青色的部分，再被印上洋红色、黄色和黑色部分，如图9-5所示。

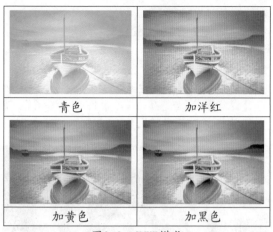

青色	加洋红
加黄色	加黑色

图9-5　CMYK模式

4．Lab模式通道 >>>>

　　Lab模式虽然也是由三个通道组成的，但是不是R、G、B通道。它的一个通道是亮度，即L。另外两个是色彩通道，用a和b来表示，如图9-6所示。

图9-6　Lab模式

　　a通道包括的颜色是从深绿色（低亮度值）到灰色（中亮度值）再到亮粉红色（高亮度值），如图9-7所示。

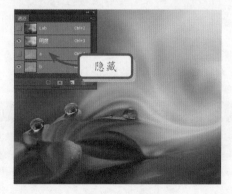

图9-7　a通道

　　b通道则是从亮蓝色（低亮度值）到灰色（中亮度值）再到黄色（高亮度值）。因此，这种色彩混合后将产生明亮的色彩，如图9-8所示。

图9-8　b通道

5．多通道模式通道 >>>>

　　多通道图像为8位／像素，用于特殊打印用途。多通道模式在每个通道中使用256灰度级，在将彩色图像转换为多通道时，新的灰度信息基于每个通道中像素的颜色值，如图9-9所示。

图9-9　多通道

　　例如将RGB图像转换为多通道模式，可以创建青色、洋红和黄色专色通道，如图9-10所示。

图9-10　转换通道模式

9.1.2 Alpha通道

在选区操作过程中，选区就存储在Alpha通道中。该通道主要用来记录选择信息，并且通过对Alpha通道的编辑，能够得到各种效果的选区。

1. 创建Alpha通道 >>>>

当画布中存在选区时，通过【存储选区】命令，即可创建具有灰度图像的Alpha通道；而单击【通道】面板底部的【将选区存储为通道】 ，能够创建同样的Alpha通道，如图9-11所示。

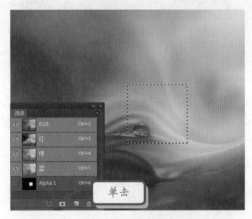

图9-11　Alpha通道

Alpha通道的另外一种创建方法是直接单击【通道】面板底部的【创建新通道】按钮 ，创建一个背景为黑色的空白通道，并且处于工作状态，如图9-12所示。

图9-12　Alpha通道

2. 编辑Alpha通道 >>>>

Alpha通道相当于灰度图像，能够使用Photoshop中的工具或者命令来编辑，从而得到复杂的选区。

例如，在具有黑白双色的Alpha通道中，执行【滤镜】|【素描】|【半调图案】命令，使Alpha通道呈现复杂的图像，如图9-13所示。

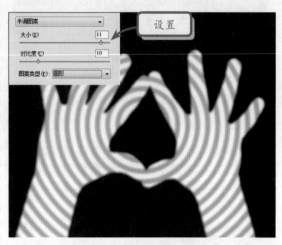

图9-13　编辑Alpha通道

这时，单击【通道】面板底部的【将通道作为选区载入】按钮 ，载入该通道中的选区。返回复合通道后，按快捷键Ctrl+J复制选区中的图像，得到复杂纹理的图像效果，如图9-14所示。

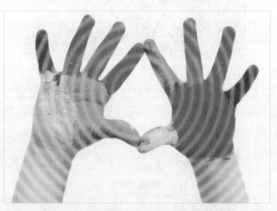

图9-14　编辑Alpha通道

9.1.3　颜色通道

颜色通道记录的是图像的颜色信息与选择信息，所以编辑颜色通道，既可以建立局部选区，也可以改变图像色彩。

1．通过颜色通道提取图像 》》》》

颜色通道是图像自带的单色通道，要想在不改变图像色彩的基础上，通过通道提取局部图像，需要通过对颜色通道的副本进行编辑。这样既可以得到图像选区，也不会改变图像颜色。

例如，打开一幅图像的【通道】面板，选择对比较为强烈的单色通道。将其拖动至【创建新通道】按钮，创建颜色通道副本，如图9-15所示。

图9-15　创建颜色通道副本

接着在"绿拷贝"通道中，就可以随意使用颜色调整命令，加强该通道中的对比关系。通常情况下，最常使用的是【色阶】调整命令，如图9-16所示。

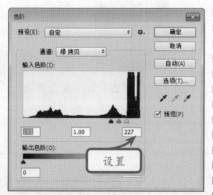

图9-16　【色阶】调整

对于通道图像的细节调整，则可以通过【画笔工具】设置为黑色，进行涂抹，从而得到黑白双色图像，如图9-17所示。

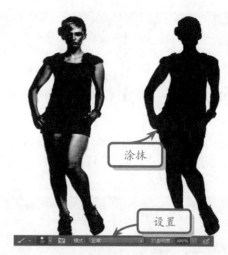

图9-17　涂抹

注意

使用画笔工具进行涂抹时，要根据图像效果随时更改笔触大小，以及【绘画模式】选项，从而达到理想效果。

将黑白图像进行反相后，载入该通道中的选区进行复制，就可以在不改变图像色彩的情况下，提取边缘较为复杂的布局图像，如图9-18所示。

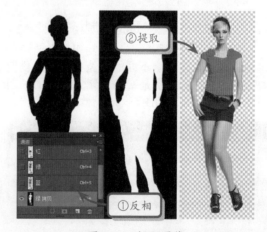

图9-18　提取图像

2．同文档中的颜色通道复制与粘贴 》》》》

在同一图像文档中，当其中一个单色信息通道复制到另外一个不同的单色信息通道中，返回RGB通道就会发现图像颜色发生变化。

例如，在【通道】面板中选中绿通道，并且进行全选复制。然后选中蓝通道进行粘贴后，返回RGB通道，发现图像色彩发生改变，如图9-19所示。

图9-19 编辑图像

以RGB颜色模式的图像为例，复制通道颜色至其他颜色通道中，能够得到6种不同的图像色调，如图9-20所示。

红通道复制到绿通道

红通道复制到蓝通道

蓝通道复制到红通道

蓝通道复制到绿通道

图9-20 复制通道

3. 不同文档中的颜色通道复制与替换 »»»

除了可以在同图像文档中复制颜色通道信息外，还可以在两个不同的图像文档之间复制颜色通道信息。前提是准备两幅完全不同、但尺寸相同的图像，如图9-21所示。

提示

在两幅RGB模式图像之间，三个不同的颜色通道均可以复制到另外一幅图像的不同颜色通道中。虽然色调相同，但是会发生细微的变化。

图9-21 复制颜色通道信息

选中其中一幅图像的某一个颜色通道，将其全选后复制。切换到另外一个文档，选择某个单色通道进行粘贴，得到一幅综合的效果，如图9-22所示。

图9-22 综合的效果

如果将人物图像中的单色通道复制到小鸟图像的单色通道中，那么会得到小鸟的清晰纹理，而人物纹理模糊的效果，如图9-23所示。

图9-23 复制效果

9.2 编辑通道

9.1节我们学习了通道的原理、类型等，本节我们来学习通道的编辑应用。通道的编辑有分离和合并、专色通道应用、图像与计算等，让读者学会并熟练掌握通道的各种编辑方法，离创作出优秀的作品更近一步。

9.2.1 分离和合并通道

当需要保留单个通道信息时，可以将通道分离，生成灰度图像。此时，既可以保存或者编辑灰度图像，也可以将这些灰度图像重新合并，生成新图像。

1．通道分离 ▶▶▶

无论是何种颜色模式的图像，只要单击【通道】面板右上角的小三角形，选择【分离通道】命令，即可将通道中的颜色通道拆分为单个通道的灰度图像。这里以RGB模式为例，拆分后为三个灰度图像，如图9-24所示。

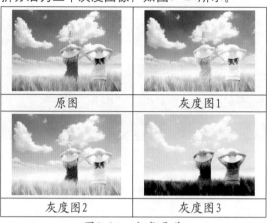

图9-24　分离通道

2．颜色通道合并 ▶▶▶

分离通道后，还可以合并通道。合并通道的方式有多种，既可以还原最初的彩色图像，也可以改变通道顺序合并成其他色调的彩色图像，还可以合并成其他颜色模式的彩色图像。下面以RGB模式分离后的灰度图像为例，介绍如何通过合并通道得到不同色调的彩色图像。

（1）合并RGB模式通道

当彩色图像被分离成单个的灰度图像后，任意选中一个灰度图像文件，在其【通道】面板的右上角单击小三角形，选择【合并通道】命令。如果任意选择【指定通道】选项中的【红色】、【绿色】和【蓝色】选项，会得到不同色调的彩色图像，如图9-25所示。

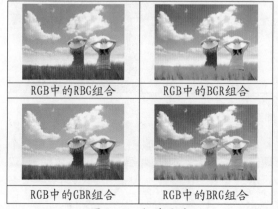

图9-25　合并通道

（2）合并Lab模式通道

在Lab模式下，同样可以任意设置【指定通道】中的【明度】、【a】和【b】选项，得到不同颜色的彩色图像，如图9-26所示。

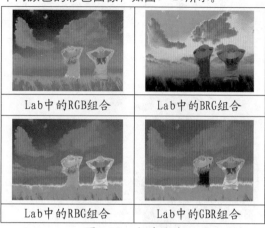

图9-26　合并通道

（3）合并多通道模式通道

任何模式的图像，分离后均能够组合成多通道模式图像。

9.2.2　专色通道

专色通道主要用于替代或补充印刷色（CMYK）油墨，在印刷时每种专色都要求有专用的印版，一般在印刷金、银色时需要创建专色通道。

1．创建与编辑专色通道 ▶▶▶

在Photoshop中，创建与存储专色的载体为专色通道。按住Ctrl键，单击【通道】面板底部的【创建新通道】按钮。在弹出的【新建专色通道】对话框中，单击【颜色】色块，选择专色，得到专色通道，如图9-27所示。

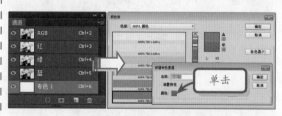

图9-27　专色通道

提示

因为专色颜色不是用 CMYK 油墨打印的，所以在选择专色通道所用的颜色时，可以完全忽略色域警告图标 ⚠ 。

创建的专色通道为空白通道，需要在其中建立图像，才能够显示在图像中。在专色通道中，既可以使用绘图工具绘制图像，也可以将外部图像的单色通道图像复制到专色通道中，使其呈现在图像中。例如，将另外一幅图像中的蓝色通道选中并复制，返回新建的专色通道进行粘贴。发现静物以专色的形式在图像中显示，如图9-28所示。

图9-28　专色通道

在编辑专色图像时，必须根据图像的效果，选择相应的工具进行操作，从而得到完整的效果。

专色通道的属性设置与Alpha通道相似。同样是双击通道，在弹出的【专色通道选项】对话框中，设置专色通道的【颜色】与【密度】选项，从而得到不同的效果，如图9-29所示。

图9-29　专色通道的属性设置

2. 合并专色通道 ▶▶▶▶

大多数家用台式打印机是不能打印包含专色的图像的，这是因为专色通道中的信息与CMYK或者灰度通道中的信息是分离的。要想使用台式打印机正确地打印出图像，需要将专色融入图像中。

Photoshop虽然支持专色通道，但是添加到专色通道的信息不会出现在任何图层上，甚至也不会显示在"背景"图层上。这时单击【通道】面板右上角的三角的按钮，选择【合并专色通道】命令，使专色图像融入图像中，如图9-30所示。

图9-30　合并专色通道

9.2.3　应用图像与计算

图层中的混合模式只是针对图层之间的图像进行混合，而【应用图像】命令不仅可以进行图层之间的混合，还可以将一个图像（源）的通道和图层图像混合，从而得到意想不到的混合色彩。

1. 应用图像 ▶▶▶▶

选择目标图像，执行【图像】|【应用图像】命令，选择源图像中的不同图层进行混合，得到两幅图像混合的彩色效果，如图9-31所示。

图9-31　应用图像

【应用图像】命令不但可以混合两张图片，而且还可以对单张图片的复合通道和单个通道进行混合，实现特殊的效果，如图9-32所示。

同图像RGB与复合通道
混合

同图像红通道与复合
通道混合

同图像绿通道与复合
通道混合

同图像蓝通道与复合
通道混合

图9-32 应用图像

与另外一幅图像的单色通道进行混合，从
而得到不同程度的混合效果的图像，如图9-33
所示。

异图像红通道与复合
通道混合

异图像绿通道与复合
通道混合

图9-33 应用图像

2．计算通道 >>>

【计算】命令是通过混合模式功能，混合
两个来自一个或者多个源图像中的单色通道，
将结果应用到新图像或者新通道，或者现有的
图像选区中，如图9-34所示。

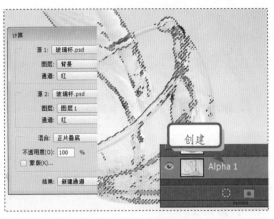

图9-34 计算通道

隐藏"背景"图层发现图片玻璃和其他主
题物已经被抠取出来，就可以换上其他的背景
图片，如图9-35所示。

图9-35 图像效果

9.3 案例实战：抠取头发

在日常工作中常常需要抠取一些人物尤其是长发美女，仅仅使用钢笔
工具是很难实现的，本例讲解如何抠取人物头发，在RGB通道中选择一个
黑白对比较明显的通道并复制，在通道副本上进行编辑。最后，载入通道
建立选区，完成人物头发的抠取，如图9-36所示。

练习要点
- 钢笔工具
- 画笔工具
- 【色阶】命令

图9-36　图像效果

操作步骤：

STEP|01　复制和调整通道。打开素材，复制图层，在RGB通道选择滤色通道并复制。执行【色阶】命令设置参数，加大黑白色调之间的对比，如图9-37所示。

①复制图层　　②复制通道　　③调整通道

图9-37　复制和调整通道

STEP|02　绘制出人物轮廓。设置前景色为黑色，选择【画笔工具】在"绿副本"通道上面涂抹。返回到【图层】调板使用【钢笔工具】绘制人物外轮廓，如图9-38所示。

①设置前景色　　②涂抹黑色　　③绘制路径

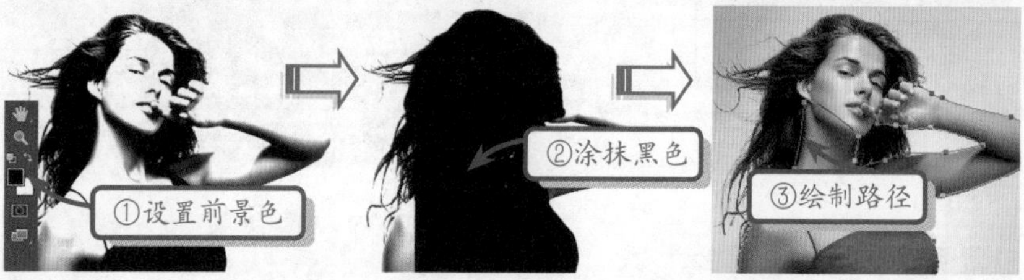

图9-38　绘制出人物轮廓

STEP|03　将路径转换为选区。选择"绿副本"通道填充为黑色，载入选区并反选。打开【图层】调板，执行【通过拷贝的图层】命令，将人物抠取出来，如图9-39所示。

①填充颜色　　②载入选区　　③复制图层

图9-39　将路径转换为选区

STEP|04　最后，为抠出来的人物添加合适的背景以及文字，制作出一幅完整的作品。

9.4 案例实战：蒲公英的天空

众所周知蒲公英是一种极为细腻、成丝状的花朵，对于抠图来说无疑是一种挑战。本例将为大家讲解如何通过运用通道的原理抠取类似蒲公英这类复杂主体物，首先，在【通道】中调整【色阶】，将主体物蒲公英抠取出来。然后为其添加上合适的背景和文字，制作成一幅完美的计算机作品，如图9-40所示。

图9-40 图像效果

操作步骤：

STEP|01 复制和调整通道。打开素材图片在【通道】调板中，选择【红】通道并复制，按Ctrl＋L组合键，执行【色阶】命令，增强黑白色调之间的对比，如图9-41所示。

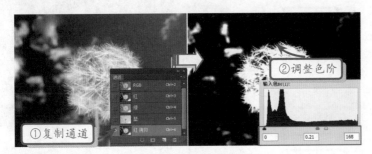

图9-41 【通道】面板

STEP|02 涂抹背景和拷贝图层。设置前景色为黑色，使用【画笔工具】在【红副本】通道上涂抹黑色。将【红副本】通道，载入选区。返回到【图层】调板，拷贝选区为新图层，如图9-42所示。

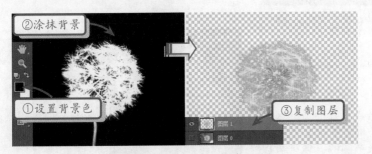

图9-42 涂抹背景和拷贝图层

STEP|03 最后为主体物添加合适的背景及文字完成一幅作品。

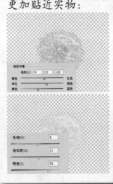

9.5 认识蒙版

在Photoshop软件中蒙版的作用就是保护被选取或指定的区域不受编辑操作的影响，起到遮蔽的作用。可以用Alpha通道和存储选区产生蒙版，且蒙版也可以用来建立选区、抠取图像等。

9.5.1 蒙版概述

蒙版图层是一项重要的复合技术，可用于将多张照片组合成单个图像，也可用于局部的颜色和色调校正。蒙版大致分为快速蒙版、剪贴蒙版、图层蒙版和矢量蒙版4种类型。

其中，蒙版中的纯白色区域可以遮罩下面图层中的内容，显示当前图层中的图像；蒙版中的纯黑色区域可以遮罩当前图层中的图像，显示下面图层中的内容；蒙版中的灰色区域会根据其灰度值呈现出不同层次的透明效果。因此，用白色在蒙版中绘画的区域是可见的，用黑色绘画的区域将被隐藏，用灰色绘画的区域会呈现半透明效果，如图9-43所示。

图9-43 蒙版图层

> **提示**
>
> Photoshop蒙版是将不同灰度值转化为不同的透明度，并作用到它所在的图层，使图层不同部位的透明度产生相应的变化。

1. 选区与蒙版 ▶▶▶

蒙版是一种特殊的选区，但它的目的并不是对选区进行操作，相反，而是要保护选区不被操作。同时，不处于蒙版范围的区域则可以进行编辑与处理。创建选区后单击【添加图层蒙版】按钮，选区内的区域受到保护从而显示，选区以外的区域隐藏，如图9-44所示。

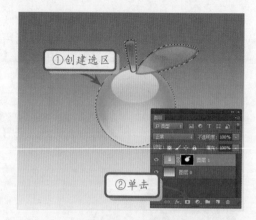

图9-44 图层蒙版

2. 通道与蒙版 ▶▶▶

在Photoshop中蒙版作为选区存储在通道中，对一个图像建立蒙版，在【通道】调板中，用户会发现自动生成的"蒙版"通道，如图9-45所示。

图9-45 通道与蒙版

单击该通道，使用【画笔工具】进行涂抹，同时也会影响到图层蒙版，如图9-46所示。

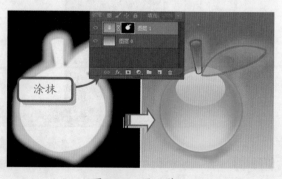

图9-46 图层蒙版

9.5.2　快速蒙版

快速蒙版模式是使用各种绘图工具来建立临时蒙版的一种高效率的方法。使用快速蒙版模式建立的蒙版，能够快速地转换成选择区域。

1．创建快速蒙版 ▶▶▶▶

单击工具箱下方的【以快速蒙版模式编辑】按钮，进行快速蒙版编辑模式。使用【画笔工具】在画布中涂抹，绘制半透明红色图像，如图9-47所示。

图9-47　以快速蒙版模式编辑

提示

当离开快速蒙版模式时，未受保护区域成为选区，同时【通道】调板中的"快速蒙版"通道也会消失。

单击工具箱下方的【以标准模式编辑】按钮，返回正常模式，半透明红色图像转换为选区。进行任意颜色填充后，发现原半透明红色图像区域被保护，如图9-48所示。

图9-48　以标准模式编辑

2．设置快速蒙版选项 ▶▶▶▶

默认情况下，在快速蒙版模式中绘制的任何图像，均呈现红色半透明状态，并且代表被蒙版区域。当快速蒙版模式中的图像与背景图像有所冲突时，可以通过更改【快速蒙版选项】对话框中的颜色值与不透明度值，来改变快速蒙版模式中的图像显示效果。

双击工具箱底部的【以快速蒙版模式编辑】按钮，打开【快速蒙版模式选项】对话框，设置的是【不透明度】选项，如图9-49所示。

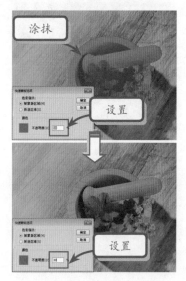

图9-49　设置【不透明度】

默认状态下，快速蒙版模式中的图像与标准模式中的选区为相反区域，如果要使之相同，需要启用【快速蒙版选项】对话框中的【所选区域】选项，如图9-50所示。

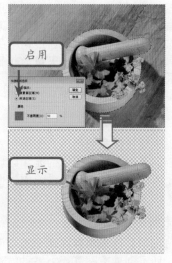

图9-50　启用所选区域

按住Alt键单击【以快速蒙版模式编辑】按钮 □
可以切换快速蒙版的【被蒙版区域】和【所选区
域】选项。

3. 编辑快速蒙版 ▶▶▶▶

当用户使用快速蒙版修饰图像时，可以使
用工具箱中的工具进行重复修改和编辑，有很
强的灵活性，如图9-51所示。

图9-51 快速蒙版

快速蒙版还能够在选区中应用滤镜命令，
使选区边缘更加复杂。例如，在快速蒙版编辑
模式中，进行【滤镜】|【模糊】|【径向模糊】
命令，得到缩放选区，从而复制模糊效果的图
像，如图9-52所示。

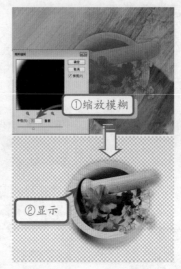

图9-52 径向模糊

在快速蒙版选项对话框中，用户还可以更改屏蔽
颜色不透明度，以最佳状态观察图像。

9.6 编辑蒙版

蒙版大致分为三类，为剪贴蒙版、图层蒙
版、矢量蒙版。其中剪贴蒙版主要是使用下方
图层中图像的形状，来控制其上方图层图像的
显示区域；图层蒙版是由图像的灰度来决定图
层的不透明度；矢量蒙版是通过钢笔工具或者
形状工具创建路径，然后以矢量形状控制图像
可见的区域。

9.6.1 剪贴蒙版

剪贴蒙版主要是使用下方图层中图像的形
状，来控制其上方图层图像的显示区域。剪贴
蒙版中下方图层需要的是边缘轮廓，而不是图
像内容。

1. 创建剪贴蒙版 ▶▶▶▶

当【图层】面板中存在两个或者两个以上
图层时，即可创建剪贴蒙版。一种方法是选中

上方图层，执行【图层】|【创建剪贴蒙版】命
令（快捷键为Ctrl+Alt+G），该图层会与其下
方图层创建剪贴蒙版；另外一种方法是按住Alt
键，在选中图层与相邻图层之间单击，创建剪
贴蒙版，如图9-53所示。

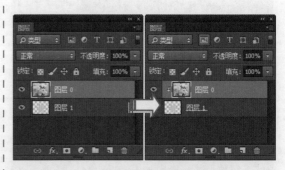

图9-53 剪贴蒙版

剪贴蒙版创建后，发现下方图层名称带有
下划线；而上方图层的缩览图是缩进的。并且

显示一个剪贴蒙版图标，而画布中图像的显示也会随之变化，如图9-54所示。

图9-54　剪贴蒙版

2．编辑剪贴蒙版 ▶▶▶

创建剪贴蒙版后，还可以对其中的图层进行编辑，例如移动图层、设置图层属性以及添加图像图层等操作，从而更改图像效果。

（1）移动图层

在剪贴蒙版中，两个图层中的图像均可以随意移动。例如，移动下方图层中的图像，会在不同位置，显示上方图层中的不同区域的图像，如图9-55所示。

图9-55　编辑剪贴蒙版

如果移动的是上方图层中的图像，那么会在同一位置显示该图层中不同区域图像，并且可能会显示出下方图层中的图像，如图9-56所示。

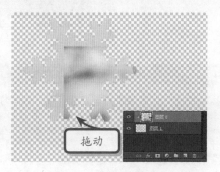

图9-56　编辑剪贴蒙版

（2）设置图层属性

在剪贴蒙版中，可以设置图层【不透明度】选项，或者设置图层【混合模式】选项，来改变图像效果。通过设置不同的图层，来显示不同的图像效果。

当设置剪贴蒙版中下方图层的【不透明度】选项，可以控制整个剪贴蒙版组的不透明度，如图9-57所示。

图9-57　不透明度

而调整上方图层的【不透明度】选项，只是控制其自身的不透明度，不会对整个剪贴蒙版产生影响，如图9-58所示。

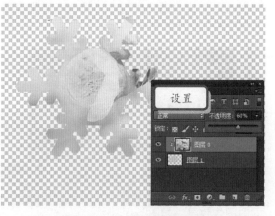

图9-58　【不透明度】选项

设置上方图层的【混合模式】选项，可以使该图层图像与下方图层图像融合为一体；如果设置下方图层的【混合模式】选项，必须在剪贴蒙版下方放置图像图层，这样才能够显示混合模式效果；同时设置剪贴蒙版中两个图层的【混合模式】选项时，会得到两个叠加效果，如图9-59所示。

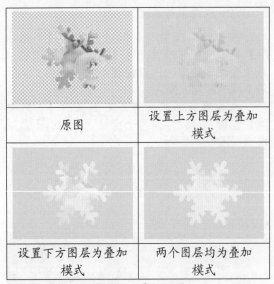

原图	设置上方图层为叠加模式
设置下方图层为叠加模式	两个图层均为叠加模式

图9-59　叠加效果

（3）添加图像图层

　　剪贴蒙版的优势就是形状图层可以应用于多个图像图层，从而分别显示相同范围中的不同图像。创建剪贴蒙版后，将其他图层拖至剪贴蒙版中即可，如图9-60所示。

图9-60　添加图像图层板

　　这时，可以通过隐藏其他图像图层显示不同的图像效果，如图9-61所示。

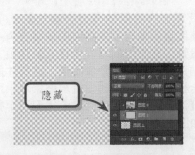

图9-61　图像效果

9.6.2　图层蒙版

　　图层蒙版之所以可以精确、细腻地控制图像显示与隐藏的区域，因为图层蒙版是由图像的灰度来决定图层的不透明度。

1. 创建图层蒙版 ▷▷▷▷

　　创建图层蒙版包括多种途径。其中最简单的方法，为直接单击【图层】面板底部的【添加图层蒙版】按钮■，或者单击【蒙版】面板右上角的【添加像素蒙版】按钮■，即可为当前普通图层添加图层蒙版，如图9-62所示。

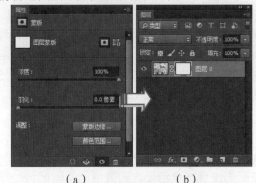

（a）　　　　　　　（b）

图9-62　创建图层蒙版

　　如果画布中存在选区，直接单击【添加图层蒙版】按钮■。在图层蒙版中，选区内部呈白色，选区外部呈黑色。这时黑色区域被隐藏，如图9-63所示。

图9-63　添加图层蒙版

2．调整图层蒙版 >>>>

无论是单独创建图层蒙版，还是通过选区创建，均能够重复调整图层蒙版中的灰色图像，从而改变图像显示效果。

（1）移动图层蒙版

图层蒙版中的灰色图像，与图层中的图像为链接关系。也就是说，无论是移动前者还是后者，均会出现相同的效果；如果单击【指示图层蒙版链接到图层】图标，使图层蒙版与图层分离，如图9-64所示。

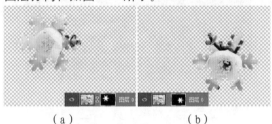

（a）　　　　　　　（b）

图9-64　移动图层蒙版

（2）停用与启用图层蒙版

通过图层蒙版编辑图像，只是隐藏图像的局部，并不是删除。所以，随时可以还原图像原来的效果，如图9-65所示。

图9-65　编辑图层蒙版

> **提示**
>
> 要想返回图层蒙版效果，只要右击图层蒙版缩览图，选择【启用图层蒙版】命令，或者直接单击图层蒙版缩览图即可。

（3）复制图层蒙版

当图像文档中存在两幅或者两幅以上图像时，还可以将图层蒙版复制到其他图层中，以相同的蒙版显示或者隐藏当前图层内容。方法是按住Alt键，单击并且拖动图层蒙版至其他图层。释放鼠标后，在当前图层中添加相同的图层蒙版，如图9-66所示。

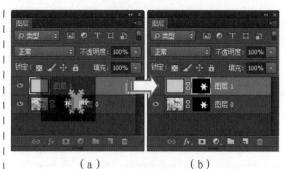

（a）　　　　　　　（b）

图9-66　图层蒙版复制

> **技巧**
>
> 如果需要对当前图层执行源蒙版的反相效果，则可以选择蒙版缩览图，按住Shift+Alt组合键拖动鼠标到需要添加蒙版的图层，这时当前图层添加的是颜色相反的蒙版。

要想查看图层蒙版中的灰色图像效果，需要按住Alt键单击图层蒙版缩览图，进行图层蒙版编辑模式，画布显示图层蒙版中的图像，如图9-67所示。

图9-67　图层蒙版缩览图

（4）浓度与羽化

为了柔化图像边缘，会在图层蒙版中进行模糊，从而改变灰色图像。为了减少重复操作，可以使用【蒙版】面板中的【羽化】或者【浓度】选项。

当图层蒙版中存在灰色图像，在【蒙版】面板中向左拖动【浓度】滑块。蒙版中的黑色图像逐渐转换为白色，而彩色图像被隐藏的区域逐渐显示，如图9-68所示。

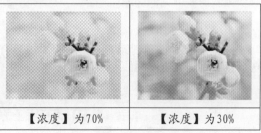

| 【浓度】为70% | 【浓度】为30% |

图9-68　【浓度】滑块

在【蒙版】面板中，向右拖动【羽化】滑块。灰色图像边缘被羽化，而彩色图像由外部向内部逐渐透明，如图9-69所示。

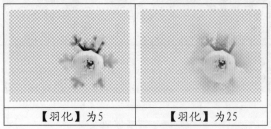

| 【羽化】为5 | 【羽化】为25 |

图9-69 【浓度】滑块

3. 图层蒙版与滤镜 ▶▶▶▶

图层蒙版与滤镜是相辅相成的关系。在图层蒙版中能够应用滤镜效果，而在智能滤镜中则可以编辑滤镜效果蒙版来改变滤镜效果。

图层蒙版中的灰色图像同样可以应用滤镜效果，只是得到的最终效果，呈现在图像显示效果中，而不是直接应用在图像中。在具有灰色图像的图层蒙版中，执行【滤镜】|【风格化】|【风】命令，如图9-70所示。

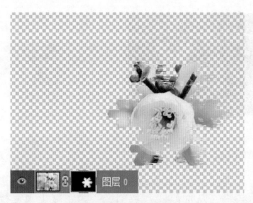

图9-70 图像效果

9.6.3 矢量蒙版

矢量蒙版是与分辨率无关的蒙版，是通过钢笔工具或者形状工具创建路径，然后以矢量形状控制图像可见的区域。

1. 创建矢量蒙版 ▶▶▶▶

矢量蒙版有多种创建方法，不同的创建方法会得到相同或者不同的图像效果。

（1）创建空白矢量蒙版

选中普通图层，单击【蒙版】面板右上方的【添加矢量蒙版】按钮 ▥ ，在当前图层中添加显示全部的矢量蒙版；如果按住Alt键单

击该按钮，即可添加隐藏全部的矢量蒙版，如图9-71所示。

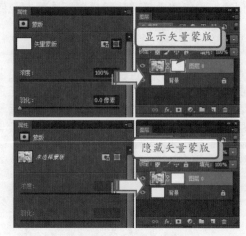

图9-71 添加矢量蒙版

然后选择某个路径工具，在工具选项栏中启用【路径】功能。在画布中建立路径，图像即可显示路径区域，如图9-72所示。

图9-72 显示路径区域

（2）以现有路径创建矢量蒙版

选择路径工具，在画布中建立任意形状的路径。然后单击【蒙版】面板中的【添加矢量蒙版】按钮 ▥ ，即可创建带有路径的矢量蒙版，如图9-73所示。

图9-73 创建带有路径的矢量蒙版

（3）创建形状图层

路径中的形状图层，就是结合矢量蒙版创建矢量图像的。例如选择某个路径工具后，启用工具选项栏中的【形状图层】功能。直接在画布中单击并且拖动鼠标，在【图层】面板中自动新建具有矢量蒙版的形状图层，如图9-74所示。

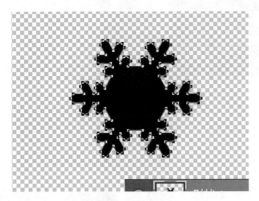

图9-74　形状图层

2．编辑矢量蒙版 ▶▶▶▶

创建矢量蒙版后，还可以在其中编辑路径，从而改变图像显示效果。矢量蒙版编辑既可以改变路径形状，也可以设置显示效果。

（1）编辑蒙版路径

要想显示路径以外的区域，使用【路径选择工具】选中该路径后，在工具选项栏中启用【减去顶层形状】功能即可，如图9-75所示。

图9-75　编辑矢量蒙版

在现有的矢量蒙版中要想扩大显示区域，最基本的方法就是使用【直接选择工具】，选中其中的某个节点删除即可，如图9-76所示。

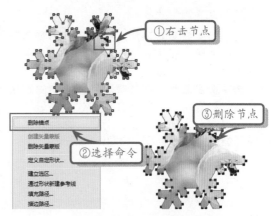

图9-76　编辑矢量蒙版

还有一种方法是在现有路径的基础上，添加其他形状路径，来扩充显示区域。方法是选择任意一个路径工具，启用工具选项栏中的【合并形状】功能，在画布空白区域建立路径，如图9-77所示。

图9-77　合并形状

当建立矢量蒙版后，【路径】面板中会自动创建当前图层的矢量蒙版路径。如果该面板中还包括其他路径，那么可以将其合并到矢量蒙版路径中。方法是选中存储路径并复制后，选中"图层0矢量蒙版"路径粘贴即可，如图9-78所示。

图9-78　编辑矢量蒙版

（2）改变显示效果

要想对矢量蒙版添加羽化效果，不需要再借助图层蒙版，而是直接调整【蒙版】面板中的【羽化】选项即可。

选中矢量蒙版，在【蒙版】面板中向右拖动【羽化】滑块，得到具有羽化效果的显示效果；如果向左拖动【浓度】滑块，路径外部区域的图像就会逐渐显示，如图9-79所示。

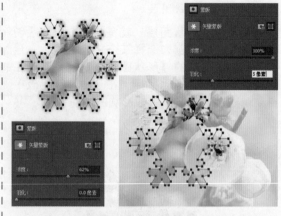

图9-79　显示效果

9.7　案例实战：趣味甲壳虫

本例为制作电影海报——趣味甲壳虫。主要运用蒙版结合【变形】巧妙地将甲壳虫素材与车素材有机地结合在一起，实现了奇妙的景象。通过学习本案例内容，希望读者熟悉蒙版功能以及绘图工具的应用，如图9-80所示。

练习要点

- 快速蒙版
- 变形
- 色相饱和度
- 亮度/对比度

提示

按在对比大小时可以降低图层的透明度做参照，以便直接透视对比调整。

图9-80　图像效果

操作步骤：

STEP|01　打开和复制。打开素材后，复制图层，使用【图章工具】 ▇ 将上面甲壳虫的足部覆盖的部分修复，效果如图9-81所示。

①打开素材　　②修复图像

图9-81　打开和复制

STEP|02　加深。使用【加深工具】 ▇ 在图层上涂抹，使图层效果如图9-82所示。

图9-82 加深

STEP|03 置入素材和自由变换。导入素材，进行复制，放置在合适位置，选择【编辑】|【变换】|【变形】命令，调整汽车，如图9-83所示。

①置入素材
②变形

图9-83 置入素材和自由变换

STEP|04 选区、复制和移动。选择没有变换的汽车图层，使用【快速蒙版】将前车轮抠出来，转为选区，按Ctrl+J键拷贝出来并命名为"图层2"，将图层2图像移动到变形汽车的前轮位置上，如图9-84所示。

①选区
②移动

图9-84 选区、复制和移动

STEP|05 复制和移动。将图层2图像移动到变形汽车的前轮上后，复制图层2，将副本移动到后车轮上，如图9-85所示。

①移动效果
图层2
图层1副本2
②移动

图9-85 复制和移动

STEP|06 盖印图层，编辑图像。选择图层，按Ctrl+Shift+Alt+E键盖印图层，单击【图像】|【调整】|【色相饱和度】选项，调整参数，然后选择【亮度/对比度】选项，再次调整图层，效果如图9-86所示。

①色相饱和度
②亮度/对比度

图9-86 盖印图层，编辑图像

9.8 案例实战：绘制边框

为了让照片或图片更漂亮、更时尚，通常会加一些边框来衬托。本案例是以添加【快速蒙版】、创建边框选区并添加【滤镜】效果的方式，绘制漂亮的晶体边框的效果，如图9-87所示。

图9-87 图像效果

操作步骤：

STEP|01 置入和编辑图像。置入素材，复制一层，然后使用【矩形选框工具】绘制小于原图片的矩形选区，添加【快速蒙版】，执行【滤镜】|【像素化】|【晶格化】命令并设置参数，如图9-88所示。

①绘制选区
③添加蒙版
②复制图层
④设置参数

图9-88 置入和编辑图像

STEP|02 执行碎片和马赛克命令。执行两次【滤镜】|【像素化】|【碎片】命令及【滤镜】|【像素化】|【马赛克】命令并设置参数，如图9-89所示。

09
Photoshop

第9章 通道和蒙版的应用

图9-89 执行碎片和马赛克命令

STEP|03 执行锐化命令和退出快速蒙版。执行【滤镜】|【锐化】|【锐化】命令,并重复执行该命令4次。再次单击【以快速蒙版模式编辑】按钮 ◻ ,退出快速蒙版模式,如图9-90所示。

提示

选择矢量蒙版缩览图,执行【图层】|【矢量蒙版】|【停用】命令(按住Shift键单击矢量蒙版缩览图),蒙版缩览图中会出现一个红色×号,这样就可以预览建立矢量蒙版前的效果。

图9-90 执行锐化命令和推出快速蒙版

STEP|04 反选和新建图层。按快捷键Ctrl+Shift+I执行反选命令,然后按Delete键进行删除。新建图层并填充白色,将该新建图层拖至"图层1"下面,如图9-91所示。

提示

这时用户还可以在"智能对象"下方【图层蒙版】中编辑,例如填充黑白渐变,能够控制滤镜效果的显示范围。

图9-91 反选和新建图层

STEP|05 新建和填充图层。新建图层绘制一个外框选区,选择【渐变工具】 ◻ ,并在工具属性栏中设置参数,然后在新建图层中绘制渐变效果,按Shift键,自上而下渐变,如图9-92所示。

图9-92 新建和填充图层

193
Photoshop

STEP|06 添加图层样式。启用【斜面和浮雕】复选框，并设置参数，使用【横版文本工具】**T**输入文字，然后双击文本图层，启用【外发光】复选框，设置参数，如图9-93所示。

图9-93　添加图层样式

9.9 高手训练营

练习1. 制作仿古画

冬季干枯的树木，枝丫繁多，细节繁琐，在保持细节的情况下，选择【计算】命令创建选区，最后得到完美细节的冬季树木图像。然后结合【填充】和【滤镜】，以及相应的文字，即可打造出一幅古代的水墨写生画。在制作过程中，要注意【计算】命令的使用方法，如图9-94所示。

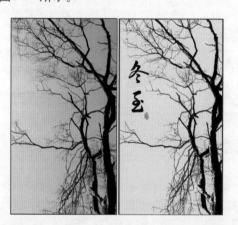

图9-94　制作仿古画

提示

源1为混合色，源2为基色，通道是指参与计算的通道图像，反相是指将这个通道颜色反相，即黑变白、白变黑。混合后面是计算的方法。

练习2. 制作手提袋

在一些专卖店买衣服会送一个手提包装袋。本练习中，女士服装专卖店手提袋上放置穿有漂亮服装的美女（可以是形象代言人）和

文字，具有一定的宣传作用。在Photoshop中，用矢量蒙版绘制图像，制作一个手提袋，如图9-95所示。

图9-95　手提包装袋

提示

图像添加矢量蒙版，更改图像的方法是：双击图层缩览图，打开【拾取实色】对话框，选择颜色后，单击【确定】按钮即可。

练习3. 制作花边框

为了让照片或图片更漂亮，通常会加一些花边框来衬托。对于一张带有可爱小狗的纯白色背景图片，显得有些单调，如果加上一个与主题色彩搭配的花边框，会使这张小狗图片更加可爱。在Photoshop中，运用添加快速蒙版，创建边框选区，添加滤镜效果，达到漂亮的花边框效果，如图9-96所示。

图9-96　创建边框

⬇ 练习4. 明日之后

本练习为运用蒙版的特征制作的特效合成——明日之后。使用蒙版将歌剧院的素材图片下面隐藏，放置在海浪素材图片里，使其成为一种大海淹没城市的景象。为了突出风雨交加的气氛，使用滤镜制作出大雨，最后添加上文字说明，如图9-97所示。

图9-97　明日之后

提示

使用【画笔工具】 在蒙版缩览图上面涂抹，隐藏上面大部分区域，制作出歌剧院旁边的浪花。

⬇ 练习5. Alpha通道和蒙版

为图像添加烟雾的效果，是通过通道和蒙版来实现的，Alpha通道和蒙版是常用的一种编辑环境，当选择某个图像的部分区域时，未选中区域将被蒙版或受保护以免被编辑，因此创建蒙版后，可以改变图像某个区域的颜色。下面的实例是通过执行【蒙版】命令，添加【渲染】效果等，如图9-98所示。

图9-98　添加烟雾

⬇ 练习6. 运用计算命令制作铁锈

本练习为运用计算命令制作铁锈效果，在【计算】命令中，有两种模式，即相加和减去。【相加】模式是从两个通道的一条通道上加上另一条通道中对应像素的值。【减去】模式是从两个通道的一条通道上减去另一条通道中对应像素的值。这样就会使结果色变得黯淡。【减去】模式在混合图像时，比【相加】模式的调控范围要广，它可以实现更多的纹理变化。下面就运用【计算】命令中的【减去】模式匕首添加铁锈效果，如图9-99所示。

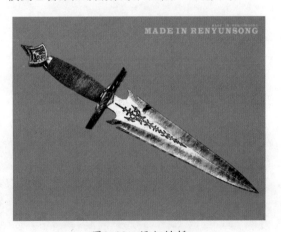

图9-99　添加铁锈

⬇ 练习7. 瓶子里游泳的海豚

本练习制作在瓶子里游泳的海豚，在制作的过程中，通过利用通道，抠出瓶子图像，再添加图层蒙版修饰瓶子的高光。利用颜色调整命令，调整海豚的色调。为水素材添加图层蒙版，并使用【画笔工具】 修饰边缘，最后，为瓶子制作阴影部分，完成瓶子里游泳的海豚效果的制作，如图9-100所示。

图9-100　【通道】面板

图9-101　拼缀效果

练习8. 拼缀效果

本练习是在不破坏原照片的基础上，通过添加【图层蒙版】，然后取消与其蒙版之间的连接，单独对【图层蒙版】进行变换操作，制作的一张拼缀效果的个人写真，如图9-101所示。

10

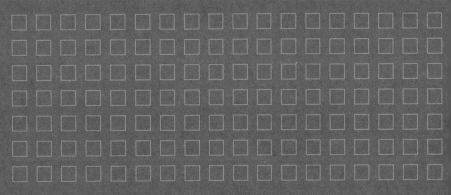

第10章 滤镜的应用

滤镜功能能在短时间内通过执行简单的命令，产生许多绚烂多彩的效果，主要用来实现图像的各种特殊效果，是Photoshop的特色之一，具有强大的功能，通常需要同通道、图层等联合使用，才能取得最佳艺术效果。

本章主要叙述了滤镜的概述、使用方法及滤镜的类型、应用等，希望通过本章的学习让读者熟练掌握滤镜的使用，一展艺术才华，创作出更优秀的作品。

Photoshop

10.1 认识滤镜

滤镜主要用来实现图像的各种特殊效果。本节的内容主要包括滤镜的概述及滤镜的使用方法，所有的滤镜都按分类放置在菜单中，使用时只需要从该菜单中执行命令即可。

10.1.1 滤镜的概述

滤镜命令可以自动为一幅图像添加效果。除了Photoshop自带的很多滤镜之外，第三方开发的滤镜也可以以插件的形式安装在【滤镜】菜单下，此类滤镜种类繁多，极大地丰富了软件的图像处理功能。

1．滤镜分类 ▶▶▶▶

滤镜命令，大致上可分为三类：校正性滤镜、破坏性滤镜与效果性滤镜。

矫正性滤镜是对图像做细微的调整和校正，处理后的效果很微妙，常作为基本的图像润饰命令使用。常见的有模糊滤镜组、锐化滤镜组、视频滤镜组和杂色滤镜组等，如图10-1所示。

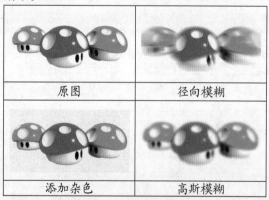

图10-1 矫正性滤镜

破坏性滤镜常产生特殊效果，对图像的改变也十分明显，而这些是Photoshop工具和矫正性滤镜很难做到的，如果使用不当，原有的图像将会面目全非，如图10-2所示。

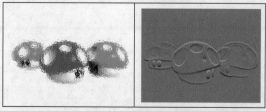

图10-2 破坏性滤镜

Photoshop中包含的所有滤镜都放置在【滤镜】菜单中。这些滤镜都归类在各自的滤镜组中，如果按照安装的属性分类的话，可以分为如下三类。

（1）内阙滤镜：指的是嵌于Photoshop程序内部的滤镜，它们不能被删除，即使删除了，在Photoshop目录下这些滤镜依然存在。

（2）内置滤镜：它是Photoshop程序自带的滤镜，安装时Photoshop程序会自动安装到指定的目录下。

（3）外挂滤镜：也就是通常所称呼的第三方滤镜，由第三方厂商开发研制的程序插件，可以作为增效工具使用，它们品种繁多、功能强大，为用户提供更多的方便。

2．滤镜使用时要注意的问题 ▶▶▶▶

影响滤镜效果的因素有很多，主要包括图像的属性、像素的大小等。值得注意的是不是所有的图像都可以添加滤镜，下面是使用滤镜时应注意的一些问题。

（1）滤镜的执行效果以像素为单位，所以滤镜的处理效果与图像分辨率有关，即使是同一幅图像，如果分辨率不同，处理的效果也会不同。

（2）对于8位/通道的图像，可以应用所有滤镜；部分滤镜可以应用于16位图像；少数滤镜可以应用于32位图像。

（3）有些滤镜完全在内存中处理，如果可用于处理滤镜效果的内存不够，系统会弹出提示对话框。

3．提高滤镜的运行速度 ▶▶▶▶

Photoshop对于系统的要求比较高，可以通过以下几种方法来加快系统运行的速度，进一步提升工作效率。

（1）更改内存使用量：增加Photoshop的内存使用量，可以加快滤镜的运行速度。执行【编辑】|【首选项】|【性能】命令，根据【内存使用情况】选项组中提示的内存状态设置内存的大小。

（2）增加更多的暂存盘：如果系统没有足

够的内存来执行某个滤镜的操作，Photoshop
将使用内存盘来辅助提升运算速度。

10.1.2　滤镜使用方法

当从滤镜菜单中选择一个命令，Photoshop
将相应的滤镜应用到当前图层的图像中。在接
触滤镜命令之前，首先来了解滤镜的操作技巧
以及注意事项。

1．滤镜基本操作 ▶▶▶▶

首先是Photoshop会针对选区范围进行滤镜
处理，如果图像中没有选区，则对整个图像进
行处理，并且只对当前图层或者通道起作用，
如图10-3所示。

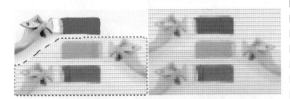

图10-3　滤镜处理

> **技巧**
>
> 只对局部图像进行滤镜处理时，可以将选区范围
> 羽化，使处理的区域与原图像自然地结合，减少
> 突兀的感觉。

2．滤镜库 ▶▶▶▶

自从Photoshop引入滤镜库命令后，对很多
滤镜提供了一站式访问。这是因为在滤镜库对
话框中包含6组滤镜，这样在执行滤镜命令时，
特别是想对一幅图像尝试不同效果时，就不用
在滤镜之间跳来跳去，而是在同一个对话框中
设置不同的滤镜效果。要访问滤镜库，可以执
行【滤镜】|【滤镜库】命令，如图10-4所示。

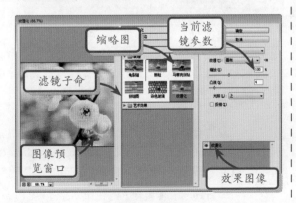

图10-4　滤镜库

滤镜库最大的特别之处在于，应用滤镜的
显示方式与图层相同。默认情况下，滤镜库中
只有一个效果图层，单击不同的滤镜缩略图，
效果图层会显示相应的滤镜命令，如图10-5
所示。

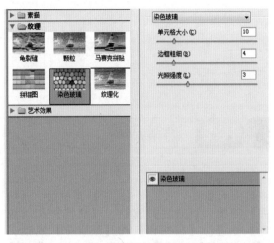

图10-5　滤镜库

> **技巧**
>
> 只要选中效果图层，单击【删除效果图层】按钮
> ，即可删除建立的效果图层。但是当只有一个
> 效果图层时，该按钮是不可用的。

3．渐隐滤镜 ▶▶▶▶

要执行【渐隐】命令，必须在执行某个滤
镜命令之后，并且【渐隐】命令显示为渐隐该
滤镜名称。例如执行了【滤镜】|【扭曲】|【水
波】命令的效果，如图10-6所示。

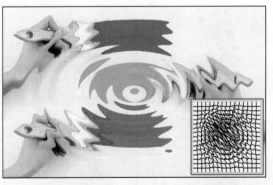

图10-6　【渐隐】命令

紧接着执行【编辑】|【渐隐水波】命令，
其中包括【不透明度】与【模式】选项。在设
置了【不透明度】选项为50%后，图像发生变
化，如图10-7所示。

图10-7　渐隐水波

PHOTOSHOP

10.2　滤镜应用

　　滤镜类型多样，本节主要讲述Photoshop中自带的滤镜，主要有【模糊】滤镜组、【扭曲】滤镜、【杂色】滤镜、【素描】和【纹理】滤镜、【风格化】和【像素化】滤镜、【艺术效果】和【画笔描边】滤镜组，希望通过本章的学习让读者熟练掌握滤镜的使用，为创作优秀的作品打下扎实的基础。

10.2.1　模糊滤镜组

　　【模糊】滤镜组主要是使区域图像柔和，通过减小对比，来平滑边缘过于清晰和对比过于强烈的区域。使用模糊滤镜就好像为图像生成许多副本，使每个副本向四周以1像素的距离进行移动，离原图像越远的副本其透明度越低，从而形成模糊效果。执行【滤镜】|【模糊】命令，弹出各个模糊命令，如图10-8所示。

图10-8　【模糊】滤镜组

高斯是指当Photoshop将加权平均应用于像素时生成的钟形曲线。执行【高斯模糊】命令，可打开该滤镜对话框，通过在【半径】参数栏中输入不同的数值或拖动滑块，可控制模糊的程度：数值小，则产生较为轻微的模糊效果；数值大，可将图像完全模糊，以至看不到图像的细节，如图10-9所示。

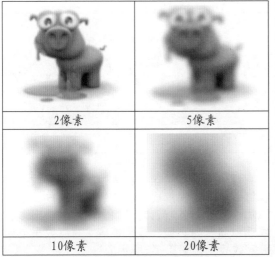

图10-9　高斯模糊

10.2.2　扭曲和杂色滤镜组

【扭曲】滤镜通过对图像中的像素进行拉伸、扭曲和振动实现各种效果。虽然有点类似于【变换】命令，但不同的是变换命令最多有12个控制点来使图像变形，而【扭曲】滤镜则提供了几百个控制点，所有的控制都用于影响图像不同部分。该滤镜能使图像产生三维或其他形式的扭曲，创建出3D或其他整形效果，如图10-10所示。

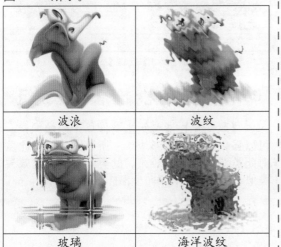

图10-10　【扭曲】滤镜

【杂色】滤镜就是能够创建随机分布的彩色像素点，使用该组中的滤镜可以添加或移除图像上的划痕和尘点。在该滤镜中，【蒙尘与划痕】的功能是消除扫描过程中所产生的粉末。该滤镜还提供了【半径】和【阈值】两个选项，在相同的【阈值】选项下，半径越大，图像的细节就越少，如图10-11所示。

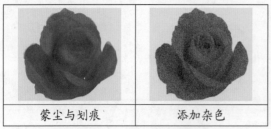

蒙尘与划痕	添加杂色

图10-11　【杂色】滤镜

10.2.3　素描和纹理滤镜组

【素描】滤镜组可以给图像添加一些纹理，用于创建手绘图像的效果，还适用于创建美术或手绘外观。该滤镜组中除了【铬黄渐变】和【水彩画纸】两种滤镜之外，其他滤镜的使用都和前景色或背景色相关，如图10-12所示。

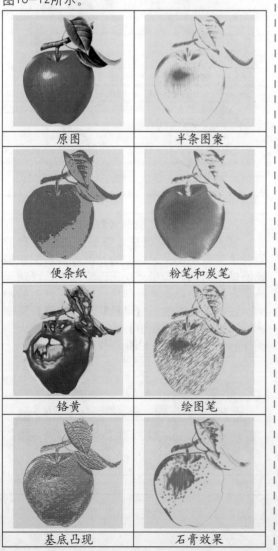

原图	半条图案
便条纸	粉笔和炭笔
铬黄	绘图笔
基底凸现	石膏效果

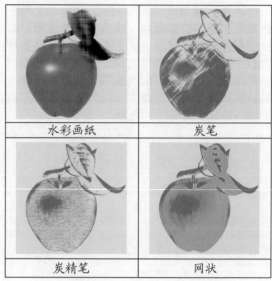

水彩画纸	炭笔
炭精笔	网状

图10-12　【素描】滤镜组

【纹理】滤镜组可以通过滤镜纹理效果来模拟一些具有深度或物质感的对象表皮，或者添加一种器质外观。它可以为图像创造出多种纹理材质，如石壁、染色玻璃、拼缀效果或砖墙等效果，如图10-13所示。

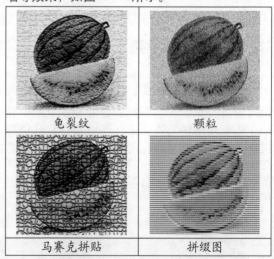

龟裂纹	颗粒
马赛克拼贴	拼缀图

图10-13　【纹理】滤镜组

10.2.4　风格化和像素化滤镜组

【风格化】滤镜组主要作用于图像像素，可以强化图像的色彩边缘，所以图像的对比度对此类滤镜的影响较大。此类滤镜的最终效果类似于印象派的画作，如图10-14所示。

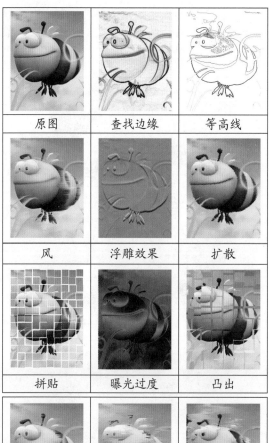

原图	查找边缘	等高线

风	浮雕效果	扩散

拼贴	曝光过度	凸出

风	大风	飓风

图10-14 【风格化】滤镜组

【风】滤镜是【风格化】滤镜组中比较特殊的一种,它以一个像素的水平条带来估算选区,然后在图像中偏移这些条带,模拟风的效果。在对话框中共有三种选项:风、大风、飓风。

【像素化】滤镜组通过使单元格中的颜色值相近的像素结合成块来清晰地定义一个选区。例如使用【彩色半调】滤镜,它模拟在图像每个通道上使用放大的半调网屏效果,如图10-15所示。

原图	彩块化

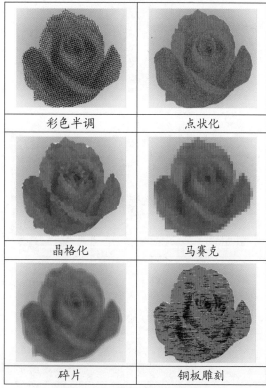

彩色半调	点状化

晶格化	马赛克

碎片	铜板雕刻

图10-15 【像素化】滤镜组

10.2.5 艺术效果和画笔描边滤镜组

使用艺术效果滤镜组可以产生制图、绘画及摄影领域用传统方式所实现的各种艺术效果,模仿自然或传统介质效果,它可以为美术或商业项目制作绘画效果或艺术效果,如图10-16所示。

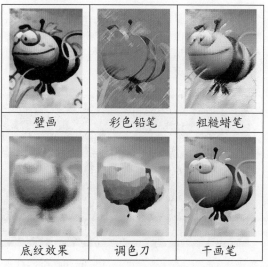

壁画	彩色铅笔	粗糙蜡笔
底纹效果	调色刀	干画笔

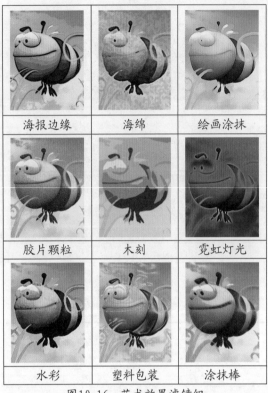

图10-16 艺术效果滤镜组

效果，以创造出绘画效果的外观。其中有些滤镜可以添加颗粒、绘画、杂色、边缘细节或纹理。但是，该滤镜组不能在CMYK和Lab模式下应用，如图10-17所示。

图10-17 【画笔描边】滤镜组

该滤镜是根据设置的海报化选项减少图像中的颜色数量（对其进行色调分离），并查找图像的边缘，在边缘上绘制黑色线条。

【画笔描边】滤镜组与艺术效果滤镜相似，可使用不同的画笔和油墨对图像添加描边

10.3 案例实战：炽热的星球

【滤镜】是Photoshop的特色之一，具有强大的功能。它不仅可以改善图像的效果并掩盖其缺陷，还可以在原有图像的基础上产生许多特殊的效果。本案例使用【滤镜】中的一些命令，绘制一幅星空中炽热的星球效果图，如图10-18所示。

练习要点
- 【云彩】命令
- 【锐化】命令
- 【球面化】命令

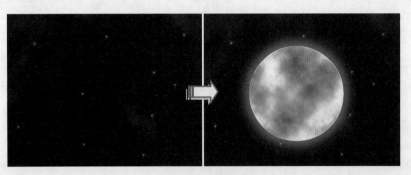

图10-18 图像效果

操作步骤：

STEP|01　新建和绘制。新建一个1600×1200像素、黑色背景的文档。设置前景色为白色，新建图层，选择【画笔工具】 打开【画笔预设】对话框，设置笔触和间距数值并绘制繁星，再次新建图层，更改数值并绘制，如图10-19所示。

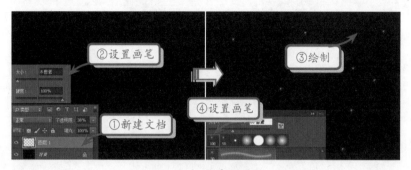

【滤镜】的分类

如果按【滤镜】的功能和效果，可以大致分为【矫正滤镜】和【特效滤镜】两类。【矫正滤镜】是对图像做细微的调整和校正，常作为基本的图像润饰命令使用，常见的有【模糊】滤镜组、【锐化】滤镜组、【视频】滤镜组和【杂色】滤镜组等。

图10-19　新建和绘制

STEP|02　执行滤镜和调整图像命令。新建图层，填充白色。执行【滤镜】|【渲染】|【云彩】命令，创建云彩图层。然后执行【图像】|【调整】|【色彩平衡】命令，设置参数，如图10-20所示。

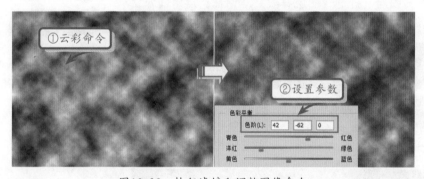

案例欣赏

图10-20　执行滤镜和调整图像命令

STEP|03　擦除和执行滤镜命令。为"云彩"图层添加【图层蒙版】，使用画笔将多余部分擦除。新建图层，选择【椭圆选框工具】 绘制正圆选区并填充黑色。执行【滤镜】|【渲染】|【云彩】命令，重复此操作三次以上，如图10-21所示。

注意

不是所有的图像都可以添加滤镜，而影响滤镜效果的因素又有很多，包括图像的属性、像素的大小等。滤镜的执行效果以像素为单位，所以滤镜的处理效果与图像分辨率有关，即使是同一幅图像，如果分辨率不同，处理的效果也会不同。

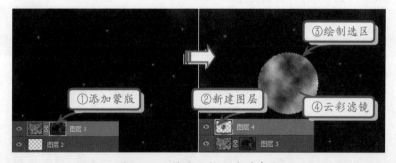

图10-21　擦除和执行滤镜命令

STEP|04　调整图像和滤镜命令。执行【图像】|【调整】|【色阶】命令，设置参数。执行【滤镜】|【锐化】|【USM锐化】命令，设置参数。然后执行【滤镜】|【扭曲】|【球面化】命令，设置参数，如图10-22所示。

图10-22　调整图像和滤镜命令

STEP|05 执行【图像】|【调整】|【色彩平衡】命令，打开【色彩平衡】
对话框，设置参数，如图10-23所示。

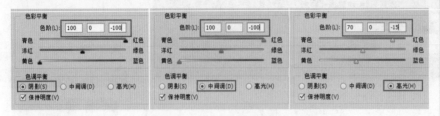

图10-23　【色彩平衡】命令

STEP|06 滤镜和外发光命令。执行【滤镜】|【锐化】|【USM锐化】命令，
设置参数。双击"星球"图层，打开【图层样式】对话框，启用【外发
光】复选框，设置参数，如图10-24所示。

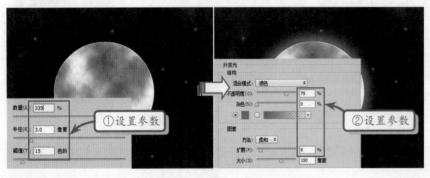

图10-24　滤镜和外发光命令

PHOTOSHOP

10.4　案例实战：制作木纹背景

　　不同的滤镜组合，可以产生各种各样丰富的特效。在本实例中，将制
作木纹特效。在制作的过程中，首先使用【添加杂色】命令和【模糊】滤
镜命令制作出大致的条状纹理，然后利用【铬黄渐变】滤镜命令，产生和
木制相似的纹理，再通过为图像着色、提亮图像色调等操作，使图像更接
近木纹效果，如图10-25所示。

提示

添加普通滤镜，一
旦关闭【滤镜】对
话框，就无法再次
调整参数。而在【智
能滤镜】状态中，
添加的滤镜效果可
以反复进行参数的
设置。

Photoshop将大部分滤
镜集中在滤镜库中，
以方便预览和应用
多个滤镜效果。

原图

炭笔　　影印

绘图笔　石膏效果

练习要点

● 添加杂色滤镜

● 动感模糊滤镜

● 铬黄滤镜

● 液化滤镜

● 复制图层演示

● 自由变换命令

图10-25　图像效果

提示

动感模糊复选框中调整不同的角度将会呈现不同的效果：

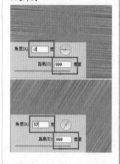

操作步骤：

STEP|01 新建文档和添加滤镜。新建一个1122×766像素的文档。执行【滤镜】|【杂色】|【添加杂色】和【滤镜】|【模糊】|【动感模糊】命令，如图10-26所示。

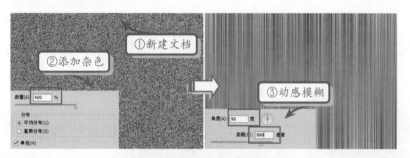

图10-26　新建文档和添加滤镜

STEP|02 执行【滤镜】|【素描】|【铬黄渐变】命令，执行【图像】|【调整】|【色相/饱和度】命令，启用【着色】复选框，为图像着色。执行【滤镜】|【液化】命令，如图10-27所示。

提示

液化是为了使木纹的纹理变化更加丰富：

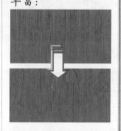

图10-27　【铬黄渐变】命令

STEP|03 绘制选区、新建图层和调整位置。使用【矩形选框工具】绘制选区，执行【编辑】|【拷贝】和【粘贴】命令，将图像放入文档中并调整位置，如图10-28所示。

提示

为一个图层添加了斜面和浮雕及内阴影后直接复制和粘贴图层样式到其他各图层上即可。然后选中全部木条图层右击合并图层。

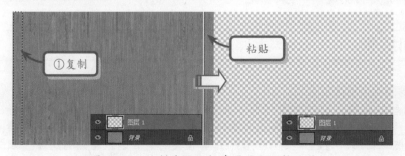

图10-28　绘制选区、新建图层和调整位置

STEP|04 添加图层样式。双击"图层1"名称右侧的空白处，为图像添加斜面和浮雕、内阴影效果。继续为其他的木板图像添加立体效果，如图10-29所示。

提示

如果调整一次【亮度/对比度】后觉得颜色不理想的话可以继续调整：

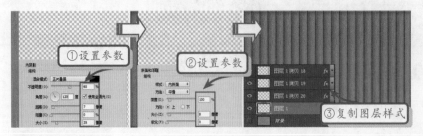

图10-29 添加图层样式

STEP|05 盖印图层，调整图像。执行【图像】|【调整】|【亮度/对比度】命令和【曲线】命令，增强图像色调的对比度，单击选择曲线，适当调整木纹，如图10-30所示。

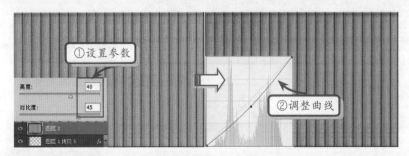

图10-30 盖印图层，调整图像

STEP|06 调整素材和置入素材，执行【编辑】|【变换】【变形】命令，为图画做出卷角。置入素材，添加【投影】图层样式，完成后的效果如图10-31所示。

图10-31 调整素材和置入素材

10.5 高手训练营

⚓ 练习1. 利用滤镜制作水墨荷花图

水墨画一直是中国画的精髓，但是并不是每个人都可以用好毛笔和宣纸的。本练习在Photoshop中利用【模糊】滤镜和【反相】命令做出淡彩效果，利用【喷溅】滤镜做出宣纸效果，进而完成一幅清新脱俗的咏荷图。通过本案例能够熟练掌握【画笔描边】滤镜的功能，如图10-32所示。

图10-32 制作水墨画

提示

涂抹荷花时的画笔设置选择【柔角画笔】,选择粉红色前景色。

练习2.制作线框特效字

Photoshop中的滤镜命令能够制作出各种效果的图像,而线框字效就是通过滤镜中的【马赛克】、【照亮边缘】和【查找边缘】命令制作出来的。其中,【马赛克】命令可以使图像产生块状现象,【照亮边缘】命令能够使文字轮廓清晰,【查找边缘】命令则能够使文字颜色清晰,如图10-33所示。

图10-33 滤镜库线框字效

提示

文字选择比较粗的字体。这里用到的是黑体,大小为60点。

练习3.智能滤镜制作玻璃

滤镜中的【玻璃】效果可以使图像看上去如同隔着玻璃观看一样。本练习通过【色彩平衡】、【高斯模糊】、【玻璃】滤镜,做出

玻璃后面的小熊效果。其中利用【色彩平衡】调整玻璃颜色,【高斯模糊】做出玻璃后的模糊效果,在【智能滤镜】中,通过更改不同【玻璃】样式,做出形形色色的玻璃样式,如图10-34所示。

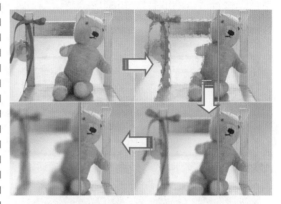

图10-34 【玻璃】效果

提示

执行【滤镜】|【转换为智能滤镜】命令,在弹出的对话框中单击【确定】按钮。执行【滤镜】|【扭曲】|【玻璃】命令,设置玻璃的【扭曲度】为4、平滑度为2,纹理为"块状",缩放为55%。

练习4.绚丽光芒

颜色绚丽的光束效果,总是会给欣赏者一种神秘、美妙的感受。本案例主要使用【滤镜】众多强大的功能中的一项——【波浪】命令。为用户呈现一种简单绘制的绚丽光芒效果的方法,如图10-35所示。

提示

执行【编辑】|【变换】|【水平翻转】命令并设置该图层的【混合模式】为【变亮】选项。新建图层,执行【滤镜】|【渲染】|【云彩】命令,创建云彩效果。

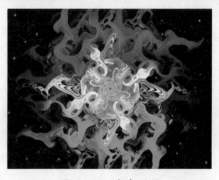

图10-35 光束效果

练习5．神奇闪电

本练习为用户介绍的是使用【滤镜】的一些命令，将一幅普通的人物照片绘制成具有神奇色彩的科幻图片。练习中主要使用【云彩】命令绘制闪电和背景，使用【色彩平衡】命令对色调进行适当的调整，如图10-36所示。

图10-36　绘制闪电

提示

按快捷键Ctrl+D恢复前景色、背景色。然后执行【滤镜】|【渲染】|【分层云彩】命令，按快捷键Ctrl+I执行【反相】命令。

练习6．运用抽出命令抠取图像

使用滤镜中的抽出命令，可以很轻松地抠取出边缘较为复杂的图片。在提取过程中，要注意【抽出】对话框中的画笔设置，这样才能够非常精确地绘制出主体边缘，从而提取出主体图像，如图10-37所示。

图10-37　抠取图片

练习7．利用消失点修补图像

【消失点】滤镜命令可以在编辑包含透视平面的图像时保留正确的透视，例如将一座桥、一座建筑物，在保持其正确透视的前提下，将其延伸或加长。这是本练习中要制作的实例，在此将使用该命令将一面墙壁变长，如图10-38所示。

图10-38　修补图像

练习8．梦幻极坐标

扭曲命令组中的【极坐标】滤镜命令，可以将图像扭曲，产生较为对称的变形效果。通过该滤镜命令，制作出类似放射线的图像效果。在制作过程中，首先使用【添加杂色】、【动感模糊】等命令制作出纹理，然后利用【极坐标】命令使其产生变形效果，如图10-39所示。

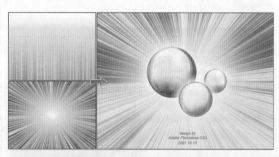

图10-39　【极坐标】滤镜

提示

极坐标是根据选中的选项，将选区从平面坐标转换到极坐标，或将选区从极坐标转换到平面坐标。

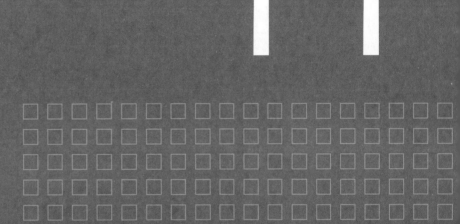

11

第11章　制作动画

　　Photoshop能制作小动画，虽然它是平面图像处理软件，但在简单动画方面还是有很大优势的。Photoshop能将动画集中在【动画】面板中。在该面板中不仅能够创建常见的GIF逐帧动画和简单的过渡动画，还能够制作复杂的综合过渡动画以及视频动画。

　　本章将分别介绍不同动画面板中，不同类型动画的制作方法，使读者能够掌握逐帧动画、过渡动画以及视频动画的制作方法。

Photoshop

11.1 创建动画

动画是由若干静态画面快速交替显示而成的。因人的眼睛会产生视觉残留，对上一个画面的感知还未消失，下一张画面又出现，因此产生动的感觉。可以说动画是将静止的画面变为动态的一种艺术手段，利用这种特性可制作出具有高度想象力和表现力的动画影片。

11.1.1 动画面板

计算机动画是采用连续播放静止图像的方法产生景物运动的效果，即使用计算机产生图形、图像运动的技术。计算机动画的原理与传统动画基本相同，只是在传统动画的基础上将计算机技术用于动画的处理和应用，并可以达到传统动画无法实现的效果。由于采用数字处理方式，动画的运动效果、画面色调、纹理、光影效果等可以不断改变，输出方式也多种多样，如图11-1所示。

图11-1 动画原理

在Photoshop中选择【窗口】|【时间轴】时，会弹出一个对话框，单击黑色小三角可选择【创建帧动画】或【创建时间视频轴】，如图11-2所示。

图11-2 时间轴

1. 【动画（帧）】面板 ▶▶▶▶

【动画（帧）】面板编辑模式是最直接也是最容易让人理解动画原理的一种编辑模式，它通过复制帧来创建出一幅幅图像，然后通过调整图层内容，来设置每一幅图像的画面，将这些画面连续播放就形成了动画，如表11-1所示。

表11-1 【动画（帧）】面板中的选项名称及功能

选项	图标	功能
选择循环选项	无	单击该选项的三角打开下拉菜单，可以选择一次循环或者永远循环，或者选择其它选项打开【设置循环计数】对话框，设置动画的循环次数
选择第一帧	◄▮	要想返回【动画】面板中的第一帧，可以直接单击该按钮
选择上一帧	◄▮	单击该按钮选择当前帧的上一帧
播放动画	▶	在【动画】面板中，该按钮的初始状态为播放按钮。单击该按钮后按钮显示为停止，再次单击后返回播放状态
停止动画	■	
选择下一帧	▮►	单击该按钮选择当前帧的下一帧

选项	图标	功能
过渡动画帧	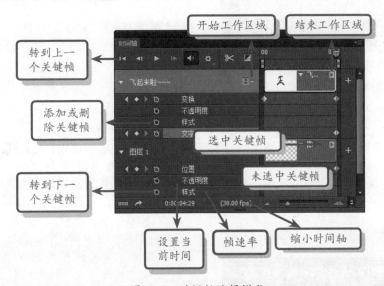	单击该按钮打开【过渡】对话框，该对话框可以创建过渡动画
复制所选帧		单击该按钮可以复制选中的帧，也就是说通过复制帧创建新帧
删除选中的帧		单击该按钮可以删除选中的帧。当【动画】面板中只有一帧时，其下方的【删除选中的帧】按钮不可用
选择帧延迟时间	无	单击帧缩览图下方的【选择帧延迟时间】弹出列表，选择该帧的延迟时间，或者选择【其他】选项打开【设置帧延迟】对话框，设置具体的延迟时间
转换为时间轴动画		单击该按钮【动画】面板会切换到时间轴模式（仅限Photoshop Extended）

在帧动画模式下，可以显示出动画内每帧的缩览图。使用面板底部的工具可浏览各个帧，设置循环选项，以及添加、删除帧或是预览动画。

2.【视频时间轴】面板 ▶▶▶▶

时间轴动画效果类似于帧动画中的过渡效果，但是制作方法更加简单。在【帧动画】面板中单击【转换为视频时间轴】按钮▤，即可转到时间轴编辑模式，如图11-3所示。

图11-3　时间轴编辑模式

在时间轴中可以看到类似【图层】面板中的图层名字，其高低位置也与【图层】面板相同，其中每一个图层为一个轨道。单击图层左侧的箭头标志展开该图层的所有动画项目。不同类别的图层，其动画项目也有所不同。如文字图层与矢量形状图层，它们共有的是针对【位置】、【不透明度】和【样式】的动画设置项目，不同的是文字图层多了【文字变形】和【变化】两个项目。

（1）设置时间码

时间码是【当前时间指示器】指示的当前时间，从右端起分别是毫秒、秒、分钟、小时。时间码后面显示的数值（30.00fps）是帧速率，表示每秒所包含的帧数。在该位置单击并拖动鼠标，可移动【当前时间指示器】的位置，如图11-4所示。

图11-4 移动【当前时间指示器】

（2）工作区域的开始和结束

拖动位于顶部轨道任一端的灰色滑块（工作区域开始和工作区域结束），可标记要预览、导出的动画或视频的特定部分，如图11-5所示。

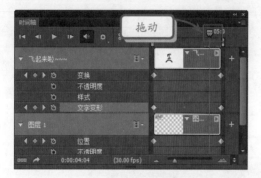

图11-5 工作区域

（3）设置关键帧

关键帧是控制图层位置、透明度或样式等内容发生变化的控件。当需要添加关键帧时，首先激活对应项目前的【时间-变化秒表】📷。然后移动【当前时间指示器】到需要添加关键帧的位置，编辑相应的图像内容，此时激活的【时间-变化秒表】📷所在轨道与【当前时间指示器】交叉处会自动添加关键帧，将对图层内容所作的修改记录下来，如图11-6所示。

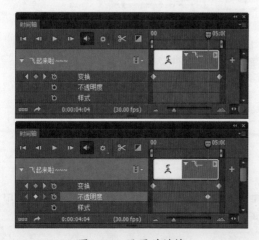

图11-6 设置关键帧

11.1.2 创建网页动画的一般流程

创建动画其实就是将每一个单独的画面连续起来进行播放的过程，在开始创建各种类型的动画之前，首先要了解创建动画的一般流程，以及在创建过程中需要注意的问题，如图11-7所示。

图11-7 创建动画

1．创建文档 ▶▶▶

创建制作动画的文档与创建其他用途文档的大小不同，一般设置其分辨率为72像素/英寸，完成后的动画，如果要应用于网络，其大小一般不大于20KB。

2．添加动画帧 ▶▶▶

使用【复制所选帧】按钮█，可以创建一个新的动画帧。打开任何文档，【时间轴】调板都会将该图像的画面显示为新动画的第一帧，添加的每个帧都是上一个的副本。

可以通过以下两种方法来创建动画帧。

（1）保持【时间轴】调板为帧动画模式，选择要创建帧所在位置的前一个或多个动画帧，单击【复制所选帧】按钮█，将当前所选帧复制，如图11-8所示。

图11-8 时间轴

（2）将选中的一个或多个动画帧拖动到【复制所选帧】按钮 🗐 上，创建出新的动画帧。

3．编辑选定帧的图层 ▶▶▶

在【时间轴】调板中选中要编辑的帧，此时对图层内容的位置、透明度的修改，都将记录在该帧画面中。动画帧可以记录以下操作：

（1）打开和关闭不同图层的可见性。

（2）更改对象或图层的位置以及移动图层内容。

（3）更改图层不透明度以渐显或渐隐内容，或更改图层的混合模式。

（4）向图层添加样式。

启用【时间轴】调板后，【图层】调板中的【统一图层位置】🐾、【统一图层可见性】🐾 和【统一图层样式】🐾 将被激活，该按钮用于在帧之间保持图层特性的相同，它们可将对当前动画帧中属性所做的更改应用于同一图层中的其他帧。当选择某个统一按钮时，将在当前图层的所有帧中更改该属性；当取消选择该按钮时，更改将仅应用于当前帧。

完成上面的工作后，接下来就可以添加更多的帧，并对每一个帧的画面进行编辑，可以创建帧的数量仅受Photoshop可用系统内存数量的限制。

4．设置帧延迟和循环选项 ▶▶▶▶

完成所有帧的创建和编辑后，就可以为每个帧指定延迟时间，并指定动画循环播放的方式。

默认状态下，每帧的延迟时间为0s，即无延迟时间。若选择【其他】命令，则可通过【设置帧延迟】对话框，指定当前帧的播放时间。

在【时间轴】调板的左下角单击，可指定动画以【一次】或是【永远】的方式播放。若选择【其他】，则可以自定义动画循环播放的次数。

5．预览、优化并保存动画 ▶▶▶▶

完成动画的创建后，可使用【时间轴】调板中的控件播放以预览动画。并使用【存储为Web和设备所有格式】对话框，在Web浏览器中优化存储动画。

1.1.3　创建逐帧动画

逐帧动画就是一帧一个画面，将多个帧连续播放就可以形成动画。动画中帧与帧的内容可以是连续的，也可以是跳跃性的，这是该动画类型与过渡动画最大的区别。

在Photoshop中制作逐帧动画非常简单，只需要在【时间轴】面板中不断地新建动画帧，然后配合【图层】面板，对每一帧画面的内容进行更改即可。

例如，当【图层】面板中存在多个图层时，只保留一个图层的可见性，打开【时间轴】面板，如图11-9所示。

图11-9　【时间轴】面板

> **提示**
>
> 在使用【时间轴】面板创建动画之前，首先要设置帧延迟时间，这样才能够正确地显示播放时间。

单击【时间轴】面板底部的【复制所选帧】按钮 🗐，创建第2个动画帧。隐藏【图层】面板中的"图层1"，并且显示"图层2"，完成第2个动画帧的内容编辑，如图11-10所示。

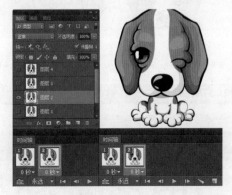

图11-10　第2个动画帧

按照上述方法，创建第3个和第4个动画帧，并且进行编辑，完成逐帧动画的创建。这时单击面板底部的【播放动画】按钮▶，预览逐帧动画，如图11-11所示。

图11-11　时间轴

提示

执行【文件】|【储存为Web和设备所用格式】命令（按Ctrl+Shift+Alt+S键）设置保存格式。

提示

逐帧动画的特点是非常灵活，它在制作以及后期修改时，可以随时对任何一帧的内容进行调整。

提示

右击帧右下角的黑色小三角可调整时间。

11.1.4　创建过渡动画

过渡动画是两帧之间所产生的形状、颜色和位置变化的动画。创建过渡动画时，可以根据不同的过渡动画设置不同的选项。【过渡】对话框中的选项及作用如表11-2所示。

表11-2　【过渡】对话框中的选项及作用

选项		作用
过渡方式	选区	同时选中两个动画帧时，显示该选项
	上一帧	选中某个动画帧时，可以通过选择【上一帧】或者【下一帧】选项，来确定过渡动画的范围
	下一帧	
要添加的帧数		输入一个值，或者使用向上或向下箭头选取要添加的帧数，数值越大，过渡效果越细腻（如果选择的帧多于两个，该选项不可用）
图层	所有图层	启用该选项，能够将【图层】面板中的所有图层应用在过渡动画中
	选中的图层	启用该选项，只改变所选帧中当前选中的图层
参数	位置	启用该选项，在起始帧和结束帧之间均匀地改变图层内容在新帧中的位置
	不透明度	启用该选项，在起始帧和结束帧之间均匀地改变新帧的不透明度
	效果	启用该选项，在起始帧和结束帧之间均匀地改变图层样式的参数设置
	变换	此项只有在文本图层中才能使用，是在起始帧和结束帧之间均匀地变换帧的不同方向
	文字变形	此项只有在文本图层才能使用，是在起始帧和结束帧之间均匀地改变文字形状

1．创建位置过渡动画　▶▶▶▶

位移过渡动画可记录图像由一个位置移动到另一个位置的过程。只要将两个位置的图像分别创建在两帧中，在【过渡】对话框中启用

【位置】复选框，就可以创建中间的过渡动画帧，如图11-12所示。

图11-12　位移过渡动画

2．创建不透明度过渡动画 ▶▶▶▶

不透明度过渡动画可以创建出两幅图像之间的渐隐转变。启用【不透明度】复选框，即可创建一幅图像渐隐过渡到另一幅图像的动画，创建的帧数越多，则创建的过渡越平滑，如图11-13所示。

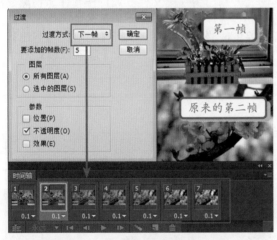

图11-13　不透明度过渡动画

3．创建效果过渡动画 ▶▶▶▶

样式过渡动画可以利用图层样式中的【渐变叠加】或【颜色叠加】样式的图像效果完成，首先创建两帧动画，并对其中一帧图像所在的图层添加颜色或渐变叠加，启用【效果】复选框即可，如图11-14所示。

图11-14　样式过渡动画

11.2　动画的输出

在Photoshop CC中，可以将帧动画存储为图像序列、QuickTime影片或单独的文件，若使用【存储为Web和设备所用格式】对话框，则可以将帧动画存储为GIF动画和HTML格式网页。

提示

当需要将帧动画输出时，可先将文件以PSD格式存储，以便以后能够对动画进行更多的操作。

1．存储为Web所有格式 >>>>

完成动画的设计和制作后，执行【文件】|【存储为Web和设备所用格式】命令，通过打开对话狂，可以选择优化选项以及预览优化的图稿，如图11-15所示。

图11-15　保存动画

提示

使用【存储为Web和设备所用格式】命令存储优化的文件时，可以选择为图像生成HTML文件。此文件包含在Web浏览器中显示图像所需要的所有信息。

通过该对话框中的优化功能，可以预览具有不同文件格式和不同文件属性的优化图像。在预览图像的过程中，可以同时查看图像的多个版本并修改优化设置。通过【预设】下拉列表框可以选择系统制定的优化方案，也可以自行在【优化的文件格式】中选择所需要的格式，并对各优化选项进行设置。

提示

在photoshop中，可以使用【存储为】命令存储为GIF、JPEG或PNG文件。根据文件格式的不同，可以指定图像品质、背景透明度或色调、颜色显示和下载方法。但是不会保留在文件中添加的任何Web功能，如切片、链接和动画。

（1）GIF和PNG-8

GIF和PNG-8是用于压缩具有颜色和清晰细节的图像标准格式。与GIF格式一样，PNG-8格式可有两种文件均支持8位颜色，因此可以显示多达256种颜色。

部分最重要的选项设置是【损耗】参数栏，通常可以应用5～10的损耗值。

（2）JPEG

JPEG是用于压缩连续色调图像的标准格式。该选项的优化过程依赖于有损压缩，它有选择地"扔掉"颜色数据。

提示

由于以JPEG格式存储文件时会丢失图像数据，如果准备对文件进行进一步编辑或创建额外的JPEG版本，最好以原始格式（如PSD）存储源文件。

2．导出视频文件 >>>>

在Photoshop CC中，可以将设计制作的动画文件输出为视频文件，以便于其作为视频文件在其他设备上播放，便于更多的人浏览。选择要生成的动画文件，执行【文件】|【导出】|【渲染视频】命令，弹出【渲染视频】对话框，如图11-16所示。

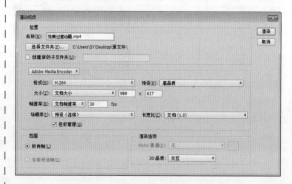

图11-16　【渲染视频】对话框

11.3　案例实战：透明效果动画

图像的隐藏与显示动画，可以通过Photoshop中的不透明度属性来实现。在制作过程中可以只通过对一幅图像的不透明度进行设置，来显示该图像，或者隐藏该图像显示另外一幅图像。在时间轴动画中，只要创建两个关键帧，并且设置其中的不透明度参数值不同，那么简单的不透明度动画即可制作完成，如图11-17所示。

练习要点

● 不透明度属性
● 时间轴动画

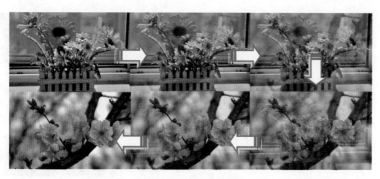

图11-17 动画效果

操作步骤：

STEP|01 置入素材和创建帧。打开两个素材，并将其放置到一个文档中，打开【时间轴】调板后，在"图层1"中单击【不透明度】属性的【时间-变化秒表】，创建第一个关键帧，如图11-18所示。

图11-18 时间轴

STEP|02 创建关键帧和设置图层。创建关键帧，并设置不同的图层不透明度，如图11-19所示。

图11-19 创建关键帧和设置图层

STEP|03 图像透明动画制作完成，通过【导出】命令将其生成视频文件。

11.4 案例实战：书写动画

本实例为制作写字方式签名动画，主要通过复制文字图层，应用图层蒙版将文字一笔一画地显示出来，然后在【时间轴】面板中进行逐帧编辑，案例静帧效果如图11-20所示。下面是制作的具体步骤。

练习要点

● 【图层蒙版】
● 编辑帧
● 【复制所选帧】

图11-20 案例静帧效果

STEP|01 按快捷键Ctrl+O打开素材"钢笔写字.psd",图像和【图层】面板如图11-21所示。

图11-21 打开素材

STEP|02 将"梦"文字图层隐藏,执行【窗口】|【时间轴】命令,打开【时间轴】面板,单击面板中间的三角形按钮,在其下拉菜单中选择【创建帧动画】选项,然后再单击【创建帧动画】按钮,就打开了帧模式的【时间轴】面板,如图11-22所示。

图11-22 创建帧动画

STEP|03 单击【0秒】处的三角形按钮,在弹出的下拉菜单中选择【0.2秒】,然后单击【时间轴】面板下方的【复制所选帧】按钮,选择【图层】面板中的"梦"文字图层并将其显示,添加图层蒙版,设置前景色为黑色,涂抹蒙版将第一笔画以外的所有笔画隐藏,图像和【图层】面板如图11-23所示。

图11-23 图像窗口

STEP|04 选择"图层1",按快捷键Ctrl+J复制该图层为"图层1副本",然后将"图层1"隐藏,使用移动工具将"图层1副本"的钢笔移至第一笔画的末端,这样动画的第二帧就完成了,"时间轴"面板如图11-24所示。

图11-24 图像窗口

STEP|05 在【时间轴】面板中单击【复制所选帧】按钮,然后在【图层】面板中复制"梦"文字图层为"梦拷贝"文字图层,将"梦"文字图层隐藏,单击"梦拷贝"文字图层的蒙版缩览图,把前景色设置为白色,在图像窗口中将文字的第一笔画与第二笔画之间的连笔画擦除,图像和【图层】面板如图11-25所示。

图11-25 图像窗口

STEP|06 选择"图层1副本",按快捷键Ctrl+J复制该图层为"图层1副本2",然后将"图层1副本"隐藏,使用移动工具▶➕将"图层1副本2"的钢笔移至连笔画的末端,这样动画的第三帧就完成了,【时间轴】面板如图11-26所示。

图11-26 图像窗口

STEP|07 在【时间轴】面板中单击【复制所选帧】按钮创建第四帧。第四帧的动画由于是文字第二笔画的开始,所以其文字图层不变,仍是"梦副本",只是钢笔的位置改变。选择"图层1副本2",按快捷键Ctrl+J复制该图层为"图层1副本3",将"图层1副本"隐藏。现在我们看不到第二笔画的起始位置在哪,可以在"梦副本"图层的蒙版缩览图中单击鼠标右键,在弹出的菜单中选择【停用图层蒙版】命令,这样我们就可以看到第二笔画的起始位置了。将钢笔移好位置后,启用图层蒙版,这时图像和【时间轴】面板如图11-27所示。

图11-27 图像窗口

STEP|08 用上面的方法对剩下的关键帧进行编辑,完成后的【时间轴】面板如图11-28所示。

图11-28 【时间轴】面板

STEP|09 在【时间轴】面板中选择第1帧,在选择循环选项中,单击三角形下拉按钮,在其下拉菜单中选择【永远】,然后单击【播放动画】▶按钮,或按空格键即可播放动画,如图11-29所示为动画播放中的画面。

图11-29 播放中的画面

11.5 高手训练营

练习1. 绘制蜻蜓落荷花动画

在网站或者一些简短的动画广告上,会出现蜻蜓点水或者鸟儿觅食的动画效果。虽然简单却很实用,本练习就为读者呈现在Photoshop中使用动画工具绘制蜻蜓落荷花的动画效果,如图11-30所示。

图11-30 动画广告

注意

用户如果将【动画(时间轴)】面板转到【动画(帧)】面板编辑模式之后,在【动画(时间轴)】面板中创建的关键帧位置和数量将会随之改变。

练习2. 雪中猫头鹰捕鼠瞬间

在《动物世界》节目中,我们能够欣赏到夜间侦探——猫头鹰在发现猎物时,凶猛抓捕的精彩过程。在本练习中为读者呈现使用Photoshop中的动画功能制作猫头鹰捕捉猎物动画的方法,让读者对Photoshop的动画功能有更深刻的认识和了解,如图11-31所示。

图11-31　制作猫头鹰捕捉猎物动画

提示

【位置过渡】动画是同一图层中的图像由一端移动到另一端的动画。在创建位移动画之前，首先要创建起始帧与结束帧。打开【动画】面板后，确定主题位置。

练习3．创建逐帧动画

网络中常见的QQ表情动画，就是通过逐一显示几幅相似图像制作而成的。这种逐帧动画在Photoshop中，是通过在不同动画帧中显示或者隐藏图像来完成制作的。所以每一幅图像停留的时间，取决于动画帧延迟时间的设置，如图11-32所示。

图11-32　逐帧动画

案例欣赏

两幅图像交替显示的动画也是通过帧动画制作而成的：

练习4．创建透明效果动画

图像的隐藏与显示动画，可以通过Photoshop中的不透明度属性来实现。在制作过程中可以只通过对一幅图像的不透明度进行设置，来显示该图像，或者隐藏该图像显示另外一幅图像，如图11-33所示。

图11-33　透明动画

案例欣赏

练习5．创建样式效果动画

时间轴动画中的样式效果，是通过【图层样式】来实现的。这里应用的是【颜色叠加】样式得到的背景色调变换的动画效果。在制作样式效果的时间轴动画时，要注意设置的是图层效果名称，而不是所有图层效果。否则无法实现过渡效果，如图11-34所示。

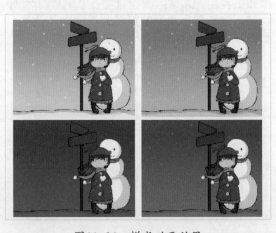

图11-34　样式动画效果

练习6．创建网页Banner文字动画

在网页Banner中有一种动画背景静止不动，而文字在循环播放。下面的练习中制作从无到有的显示，然后同时消失的动画，制作主要是通过调整关键帧完成，如图11-35所示。

图11-35　网页Banner动画

练习7．制作交换图像动画

两幅图像交替显示的动画也是通过帧动画制作而成的。但是由于两幅图像的边缘形状不相同，所以在显示一幅图像时，另外一幅图像必须隐藏，如图11-36所示。

图11-36　交替动画

练习8．文字变形

Photoshop中的文本图层在时间轴动画中，还可以通过【文字变形】选项创建文字变形动画。在创建动画的过程中，只要设置两个关键帧文字变形的参数值，即可呈现文字变形效果，如图11-37所示。

图11-37　文字变形动画

第12章 编辑网页图像

网页设计作为平面设计中的一个新兴领域，应用越来越广泛。好的网页图像以其强有力的视觉冲击效果来吸引浏览者的注意，进而使特定的信息得以准确迅速地传播。Photoshop以其强大的图像编辑功能，设计各种风格、各种类型的网页图像。并且还可以使用切片工具，将图像切割为网页切片图像，从而方便地制作网页。

本章将详细介绍用于网页图像制作的专用工具和命令，以及通过Photoshop快速制作网页文件的方法。使读者能够熟练掌握网页图像的制作方法与技巧。

Photoshop

12.1 创建网页图像

Web画廊是一个Web站点，它具有一个包含缩览图图像的主页和若干包含完整大小图像的画廊页。每页都包含链接，使访问者可以在该站点中浏览。该功能能够直接将多幅图像组合放置在一组网页中，形成一个图像查看形式的网站。

12.1.1 创建Web画廊

在Adobe CC中，Web画廊是在Adobe Bridge CC中创建的。启动该软件，选择【输出】命令，界面切换为输出界面。单击【Web画廊】按钮，设置右侧显示相应的选项即可。其中，各个选项组中的选项及作用如下。

1. 站点信息

（1）**画廊标题**：用于设置画廊的标题。

（2）**画廊题注**：用于设置画廊的辅助标题。

（3）**关于此画廊**：用于显示画廊的作用。

（4）**您的姓名**：用于设置画廊创建者的名称。

（5）**电子邮件地址**：用于设置创建者联系方式。

（6）**版权信息**：用于设置网页版权信息。

2. 颜色调板

（1）**背景**：用于设置画廊背景颜色，包括主要背景、缩览图背景与幻灯片背景。

（2）**菜单**：用于设置画廊菜单背景颜色，包括栏背景、悬停背景与文字背景。

（3）**标题**：用于设置画廊标题背景颜色，包括标题栏背景与文字背景。

（4）**缩览图**：用于设置画廊缩览图背景颜色，包括悬停背景与已选定背景。

3. 外观

（1）**显示文件名称**：启用该选项，显示图片文件名称。

（2）**预览大小**：用于设置幻灯片尺寸，子选项包括特大、大、中、小。

（3）**缩览图大小**：用于设置缩览图尺寸，子选项包括特大、大、中、小。

（4）**幻灯片持续时间**：用于设置自动播放间隔时间，默认时间为5s。

（5）**过渡效果**：用于设置切换幻灯片的过渡效果，子选项包括渐隐、剪切、光圈、遮帘、溶解。

4. 创建画廊

（1）**画廊名称**：用于设置网页文件所在的文件夹名称。

（2）**存储到磁盘**：用于保存网页文件，子选项包括用于存储位置的【浏览】按钮与【存储】按钮。

（3）**上载**：用于将网页上传到服务器，子选项包括FTP服务器名称、用户名、密码、文件夹名称等。

当在【内容】选项卡中选中多个图像缩览图后，在右侧设置【模版】选项以及相关的选项，单击【刷新预览】按钮，能够在【输出预览】选项卡中预览画廊网页效果；如果单击【创建画廊】选项组中的【存储】按钮，可以打开画廊网页预览效果，如图12-1所示。

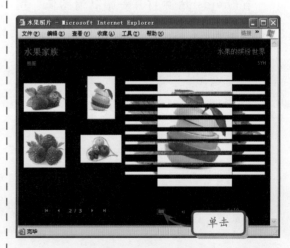

图12-1 画廊网页预览

提示

由于考虑到网速等原因，上传的图片不能太大，这就需要对 Photoshop 创建出的图像进行优化，通过限制图像颜色等方法来压缩图像的大小。

12.1.2 快速导出Zoomify

在对网页设计文件进行切片之前，还要了解Photoshop提供的图像局部放大浏览工具Zoomify。

利用Zoomify命令可以将大尺寸、高分辨率的高清图像发布于网页。它为高清图像同时生成JPEG预览图和HTML文件。浏览者单击JPEG预览图即可在旁边的图框中看到当前鼠标指向位置的放大的高清图。当当网的图书封面预览就采用了类似技术处理，如图12-2所示。

图12-3 【Zoomify导出】对话框

其中，各个选项及功能如下。

（1）**模板**：在该下拉列表中可以选择不同模板显示图像。

（2）**文件夹**：单击该按钮可以选择生成文件所在位置。

（3）**基本名称**：在该文本框中可以设置生成为名称，该名称必须由字母、数字、代字符、句点、下划线和/或虚线组成。

（4）**图像拼贴选项**：用来设置拼贴图像品质。

（5）**浏览器选项**：用来设置浏览图像窗口大小。启用【在Web浏览器中打开】选项，可以自动打开生成文件。

在对话框中选择模板，设置好文件名称、保存路径、预览图大小，启用【在Web浏览器中打开】复选框，单击【确定】按钮，文件被导出并自动在浏览器中打开，如图12-4所示。

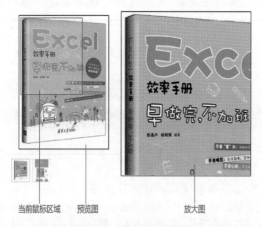

当前鼠标区域　　预览图　　　　放大图

图12-2 局部放大预览

在Photoshop中打开一幅高清图像，执行【文件】|【导出】|Zoomify命令，弹出【Zoomify导出】对话框，如图12-3所示。

图12-4 预览Zoomify

12.2 制作网页对象

12.2.1 创建切片

切片是使用HTML表或CSS图层将图像划分为若干较小的图像，这些图像可在网页上重新组合。通过划分图像，可以指定不同的URL链接以创建页面导航，或使用其自身的优化设置对图像的每个部分进行优化。切片能够按照其内容类型，以及创建方式进行分类。

有3种方式可以为图像创建切片。一种是基于图层创建，一种是使用【切片工具】▽直接拖动鼠标创建，一种是基于参考线创建。

1．基于图层创建切片 ▶▶▶▶

基于图层创建切片，是根据当前图层中的对象边缘创建切片。方法是选中某个图层后，执行【图层】|【新建基于图层的切片】命令，即可创建切片，如图12-5所示。

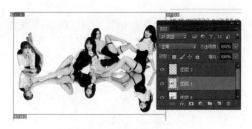

图12-5 创建切片

2．基于参考线创建切片 ▶▶▶▶

基于参考线创建切片的前提是文档中存在参考线。选择工具箱中的【切片工具】▽，单击工具选项栏中的【基于参考线的切片】按钮，即可根据文档中的参考线创建切片，如图12-6所示。

图12-6 参考线

3．使用【切片工具】创建切片 ▶▶▶▶

通过【切片工具】创建切片，是裁切网页图像最常用的方法。在工具箱中选择【切片工具】▽后，在画布中单击并且拖动即可创建切片。其中，灰色为自动切片，如图12-7所示。

图12-7 切片工具

12.2.2 编辑切片

无论以何种方式创建切片，都可以对其进行编辑。只是不同类型的切片，其编辑方式有所不同。其中用户切片可以进行各种编辑；而自动切片与基于图层的切片则有所限制，并且有其自身的编辑方法。

1．查看与选择切片 ▶▶▶▶

当创建切片后发现，切片本身具有颜色、线条、编号与标记等属性。其中包含有图像切片、无图像切片、自动切片与基于图层的切片等的标记有所不同，如图12-8所示。

图12-8 查看与选择切片

编辑所有切片之前，首先要选择切片。选择【切片选择工具】，在切片区域内单击，即可选中该切片，如图12-9所示。

图12-9 选择切片

按Shift键，连续单击相应的切片，可以同时选中两个或者两个以上的切片，如图12-10所示。

图12-10 选择切片

2．切片选项 》》》

Photoshop中的每一个切片除了包括显示属性外，还包括Web属性，例如链接属性、文字信息属性、打开网页方式等。而这些属性均显示在【切片选项】对话框中。

使用【切片选择工具】选中一个切片后，单击工具选项栏中的【为当前切片设置选项】按钮，即可打开该对话框。其中，各个选项及作用如下。

（1）**切片类型**：用来设置切片数据在Web浏览器中的显示方式，分为图像、无图像与表。

（2）**名称**：用来设置切片名称。

（3）**URL**：用来为切片指定URL，可使整个切片区域成为所生成Web页中的链接。

（4）**目标**：用来设置链接打开方式，分别为_blank、_self、_parent与_top。

（5）**信息文本**：为选定的一个或多个切片更改浏览器状态区域中的默认消息。默认情况下，将显示切片的URL（如果有）。

（6）**Alt标记**：指定选定切片的Alt标记。Alt文本出现，取代非图形浏览器中的切片图像。Alt文本还在图像下载过程中取代图像，并在一些浏览器中作为工具提示出现。

（7）**尺寸**：用来设置切片尺寸与切片坐标。

（8）**切片背景类型**：选择一种背景色来填充透明区域（适用于【图像】切片）或整个区域（适用于【无图像】切片）。

当设置【切片类型】选项为【无图像】选项后，【切片选项】对话框中的选项就会有所更改。在文本框中，可以输入要在所生成Web页的切片区域中显示的文本。此文本可以是纯文本，或使用标准HTML标记设置格式的文本。

3. 切片基本操作 >>>>

在Photoshop中，不同类型的切片可以进行不同的操作。其中用户切片除了可以设置切片Web选项外，还可以移动位置。

方法是使用【切片选择工具】 ，单击并且拖动用户切片，即可移动位置，如图12-11所示。

图12-11　移动切片

Photoshop中的自动切片不能进行移动操作，要对基于图层的切片进行移动，必须使用【选择工具】移动图层中的对象。

Photoshop中的切片除了基于图层的切片不能进行划分外，其他两种切片均可以进行划分。例如选中切片后，单击工具选项栏中的【划分】按钮，在弹出的【划分切片】对话框中，用户可以根据自身需要按水平或者垂直方向划分切片。如图12-12所示。

图12-12　【划分切片】对话框

在【个纵向切片，均匀分隔】框中设置数量后，可以纵向上均分切片；在【个横向切片，均匀分隔】框中设置数量后，可以横向上均分切片，如图12-13所示。

（a）　　　　　　　　　　（b）

图12-13　纵向均分和横向均分

选择【水平划分】为【像素/切片】，设置数量后，可以纵向上按设定高度从上往下划分切片。选择【垂直划分】为【像素/切片】，设置数量后，可以横向上按设定宽度从左往右划分切片，如图12-14所示。

（a）　　　　　　　　　　（b）

图12-14　固定高度和固定宽度划分

基于图层的切片与图层的像素内容相关联，而图像中的所有自动切片都链接在一起并共享相同的优化设置。

如果要编辑前者除了编辑相应的图层外，还要将该切片转换为用户切片；如果要为后者设置不同的优化设置，则必须将其提升为用户切片。

12.2.3　优化与导出web图像

划分好切片的网页设计稿就可以优化导出了。利用【存储为Web所用格式】命令，为了最大化地降低输出文件的大小、有利网络浏览，可以对不同的切片应用不同的优化设置。

1. 存储为Web所用格式对话框 >>>>

打开一个已经划分好切片的文件，执行【文件】|【导出】|【存储为Web所用格式】命令，打开【存储为Web所用格式】对话框，如图12-15所示。

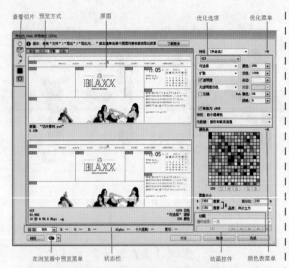

查看切片　预览方式　　　　原图　　　　　　优化选项　　　优化菜单

在浏览器中预览菜单　状态栏　　　　动画控件　颜色表菜单

图12-15　【存储为Web所用格式】对话框

对话框中的各个选项及功能如下。

（1）**查看切片**：在对话框左侧区域是查看切片的不同工具，包括【抓手工具】、【切片选择工具】、【缩放工具】、【吸管工具】、【吸管颜色】与【切换切片可见性】。

（2）**图像预览**：在图像预览窗口中包括4种不同显示方式，即原图、优化、双联与四联。

（3）**优化选项**：在优化选项区域中，选择下拉列表中的不同文件格式选项，会显示相应的参数。

（4）**动画控件**：如果是针对动画图像进行优化，那么在该区域中可以设置动画播放选项。

（5）**状态栏**：显示光标所在位置的图像的颜色值等信息。

（6）**优化菜单**：包含【存储设置】、【优化文件大小】、【链接切片】、【编辑输出设置】等命令。

（7）**颜色表菜单**：包含【新建颜色】、【删除颜色】命令以及对颜色进行排序的命令等。

2. 优化为GIF和PNG-8格式 ▶▶▶▶

GIF和PNG-8是用于压缩具有单调颜色和清晰细节的图像（如艺术线条、徽标或带文字的插图）标准格式。与GIF格式一样，PNG-8格

式可有效地压缩纯色区域，同时保留清晰的细节。这两种文件均支持8位颜色，因此可以显示多达256种颜色。确定使用哪些颜色的过程称为建立索引，因此GIF和PNG-8格式图像有时也称为索引颜色图像。为了将图像转换为索引颜色，Photoshop会构建颜色表，该表存储图像中的颜色并为这些颜色建立索引。如果原始图像中的某种颜色未出现在颜色表中，应用程序将在该表中选取最接近的颜色，或使用可用颜色的组合模拟该颜色。

GIF格式优化项如图12-16所示，其中重要的参数如下。

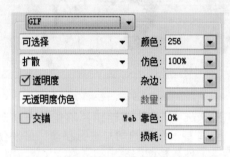

图12-16　GIF优化项

（1）**优化的文件格式**：用于设置采用哪种文件格式进行优化。

（2）**颜色**：用于设置优化后的颜色数量。颜色数越少，优化后的文件越小，但优化后的图像与原图差别就越大。

（3）**透明度**：确定是否在优化后保留透明，启用该复选框，将保留原图的透明效果；取消该复选框，则原图透明区域将被杂边选项所设置的颜色填充。

（4）**杂边**：设置填充透明区域的颜色。选择无，就表示用白色填充。

（5）**Web靠色**：指定将颜色转换为更接近Web面板等效颜色的容差级别。数值越大，转换的颜色越多。

（6）**损耗**：通过有选择地丢掉数据来减小文件大小，【损耗】值越高，则会丢掉越多的颜色数据，如图12-17所示。通常可以应用5~10的损耗值，既不会对图像品质有大的影响，又可以大大减少文件大小。该选项可将文件大小减小5%~40%。

（a）损耗0　　　　（b）损耗100

图12-17　不同损耗效果

3. 优化为JPEG格式 ▶▶▶▶

JPEG是用于压缩连续色调图像（如照片）的标准格式。该选项的优化过程依赖于有损压缩，它有选择地扔掉颜色数据。

JPEG格式优化项如图12-18所示，其中的重要参数如下。

图12-18　JPEG优化项

（1）**压缩品质/品质**：用于设置压缩程度。品质越高，压缩越小，图像保留细节越多，文件越大。

（2）**连续**：启用该选项，可以使图像在Web浏览器中以渐进方式显示。

（3）**优化**：启用该选项，可以创建更小的JPEG图像。

4. 优化为PNG-24格式 ▶▶▶▶

PNG-24适合于压缩连续色调图像，所生成的文件比JPEG格式生成的文件要大得多。使用该格式的优点在于可在图像中保留多达256个透明度级别。PNG-24格式优化项如图12-19所示，其设置同GIF和PNG-8。

图12-19　PNG-24优化项

5. 优化为WBMP格式 ▶▶▶▶

WBMP格式是用于优化移动设备图像的标准格式。它支持1位颜色，即图像只包含黑色和白色像素，如图12-20所示。

（a）原图　　　　（b）优化后

图12-20　WBMP格式效果

12.3　案例实战：Banner设计

Banner广告一般放置在网页上的不同位置，在用户浏览网页信息的同时，可以吸引用户对广告信息的关注，从而获得网络营销的效果。

网页中导航条的类型多种多样，其中图案和颜色搭配也是多种多样的，成功的导航条都是主体事物突出、简洁不累赘，在配色上也都搭配合理，呈现和谐的状态。导航条设计案例比较适合轻松愉快的网站风格，如图12-21所示，小夹子和纸片都呈现出活泼的感觉，是导航条设计中的一个小小的创意。

练习要点

- 【矩形选框工具】
- 【横排文本工具】
- 【钢笔工具】

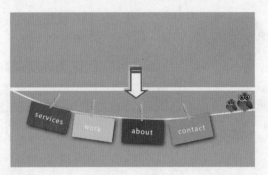

图12-21　导航条

STEP|01　新建一个宽度和高度分别为600像素和180像素、白色背景的文档，命名为"导航条设计1"，并给白色背景填充颜色#b6b9a8，如图12-22所示。

图12-22　新建文档

STEP|02　新建图层，命名为"绳索"，使用钢笔工具绘制一条绳索的路径，如图12-23所示。

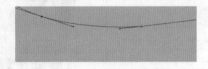

图12-23　绘制绳索路径

STEP|03　将前景色设置为白色，使用5像素大小的画笔对路径进行描边，单击【路径】面板中的【用画笔描边路径】按钮，即可对路径进行描边，画笔工具的设置和描边效果如图12-24所示。

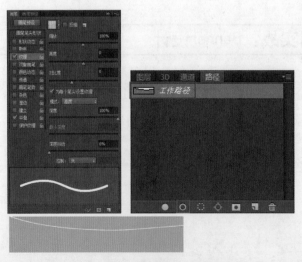

图12-24　对路径进行描边

STEP|04　新建图层，命名为"纸片背景1"，使用矩形选框工具绘制一个矩形，填充颜色#e31212，并为其添加投影，绘制纸片，投影设置及其效果如图12-25所示。

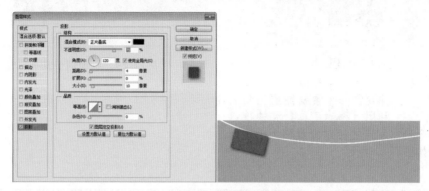

图12-25　绘制纸片

STEP|05　拖入素材"夹子"，并调整纸片和夹子的相对位置，使用【横排文字工具】在纸片上输入文字services，文字属性设置如图12-61所示，并适当地调整其位置，效果如图12-26所示。

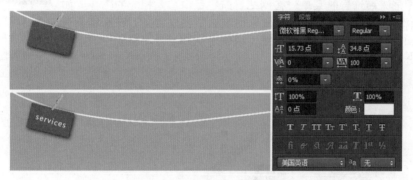

图12-26　拖入素材"夹子"

STEP|06　新建组，重命名为"纸片1"，将"纸片背景1"、services和"夹子"素材图层都拖入新建的"纸片1"组中。按快捷键"Ctrl+J"对"纸片1"进行3次复制，依次将其命名为"纸片2"、"纸片3"、"纸片4"，如图12-27所示。

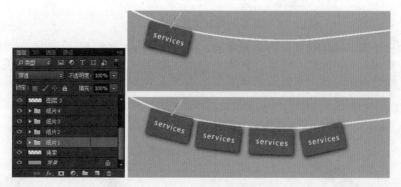

图12-27　复制纸片组

STEP|07　调整复制的组的位置，并将"纸片2"、"纸片3"、"纸片4"中的纸片背景颜色依次修改为#e3e112、#123ee3、#1ce312，方法是将前景色进行相应颜色的修改，然后按Ctrl键并单击所要填充的图层，并按快捷键Alt+Delete进行填充，并将"纸片2"、"纸片3"、"纸片4"中的文字依次修改成work、about、contact，并对文字的位置进行相应的调整，然后复制夹子到合适位置，效果如图12-28所示。

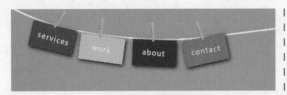

图12-28 修改文字

图12-29 添加调整猫头鹰素材

STEP|08 将猫头鹰的素材拖入画布中，命名为"猫头鹰1"，并复制一个素材图层，命名为"猫头鹰2"，利用【移动工具】和快捷键Ctrl+T对两个素材图层的相对位置和大小进行调整，效果如图12-29所示。

12.4 案例实战：导航按钮设计

网站中的导航菜单多种多样，除了纯文字导航菜单和单色图标外，还可以利用图形来装饰导航菜单。在网站导航栏目中加入相应的图标，如图12-30所示，既可以美化网站，又形象地表达了栏目含义。在制作具有装饰效果的图标时要特别注意构图简洁，以便于识别。导航菜单中的图标制作方法如下。

练习要点

- 【矩形选框工具】
- 【图层样式】
- 【椭圆工具】
- 滤镜工具
- 【横排文本工具】
- 【钢笔工具】

图12-30 商务图标

STEP|01 新建一个700×500像素、白色背景的文档。新建"图层1"命名为"屋顶"，使用【钢笔工具】画出一个形状。双击该图层调整【图层样式】，如图12-31所示。

STEP|02 复制图层"屋顶"得到图层"屋顶 副本"，执行【编辑】|【变换】|【水平翻转】命令，把两部分对接起来，如图12-32所示。

图12-31 调整图层样式1

图12-32 复制图层1

STEP|03 双击"屋顶 副本",调整该图层的【图层样式】,如图12-33所示。

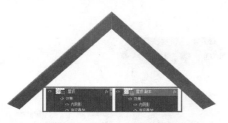

图12-33 调整图层样式 2

STEP|04 新建图层"屋顶左",使用【钢笔工具】绘制图形,填充颜色#700707,如图12-34所示。

图12-34 绘制图形

STEP|05 复制图层"屋顶左"得到图层"屋顶右",执行【编辑】|【变换】|【水平翻转】命令,把两部分对接起来,如图12-35所示。

图12-35 复制图层2

STEP|06 在"背景"图层上面新建一个图层,命名为"身体",用【钢笔工具】勾出路径,填充黑色,双击"身体"图层,调整该图层的【图层样式】,如图12-36所示。

图12-36 调整图层样式3

STEP|07 复制"屋顶左"和"屋顶右"图层,分别命名为"屋顶阴影左"和"屋顶阴影右",隐藏其他图层,执行【合并可见图层】命令,把"屋顶阴影左"和"屋顶阴影右"合并为"屋顶阴影",填充颜色#5F5343,并把图层位置调整到"屋顶左"图层下面,向下稍微移动,如图12-37所示。

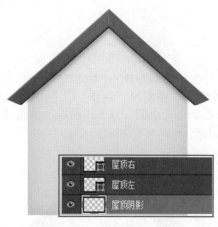

图12-37 制作屋顶阴影

STEP|08 按住Ctrl键单击"身体"图层缩览图,按快捷键Shift+Ctrl+I执行【选择反向】命令,按Delete键删除多余阴影。执行【滤镜】|【模糊】|【高斯模糊】命令,设置参数,如图12-38所示。

图12-38 删除多余阴影

STEP|09 新建图层"门",双击该图层,调整【图层样式】,新建"图层1",选择【圆角矩形工具】绘制半径为3px、宽40px、高30px的黑色矩形。双击该图层,调整【图层样式】。复制该图层并向下移动。把这两个图层和图层"门"合并命名为"门",如图12-39所示。

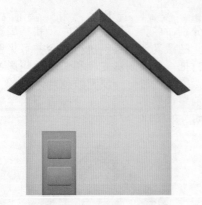

图12-39 绘制"门"

STEP|10 新建图层"把手"，使用【椭圆工具】绘制一个小圆，双击该图层，调整【图层样式】如图12-40所示。

图12-40 制作把手

STEP|11 新建图层"形状1"，使用【钢笔工具】绘制如图12-41所示的图形，双击该图层，调整该图层的【图层样式】。

图12-41 绘制"形状1"

STEP|12 新建图层"形状2"，使用【钢笔工具】绘制如图12-42所示的图形，并设置参数。

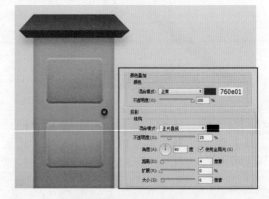

图12-42 绘制"形状2"

STEP|13 在"身体"上面新建"图层1"，填充黑色，双击该图层调整【图层样式】，如图12-43所示。

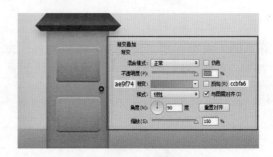

图12-43 调整图层样式5

STEP|14 复制"形状1"图层，执行【渐变叠加】命令，从#e1b06e到#bd8645渐变，其他参数默认。复制"形状2"图层，填充颜色#a26431，并合理移动它们的位置，如图12-44所示。

图12-44 复制图层

STEP|15 使用【矩形选框工具】绘制窗户，并调整【图层样式】，复制两次"门"图层，并调整适合窗户的大小，把"形状1"、"形状2"的复制图层合并为"形状3"并复制以及调整适合窗户的大小，如图12-45所示。

STEP|17 新建图层，绘制烟囱，添加渐变，如图12-47所示。

图12-47 绘制烟囱

STEP|18 新建图层，绘制栅栏，添加渐变，如图12-48所示。

图12-45 复制调整图层

STEP|16 把构成窗户的这些图层合并为"窗户"图层，并复制两次，等比例缩小70%，调整位置，如图12-46所示。

图12-48 绘制栅栏

STEP|19 执行【文件】|【置入】命令，导入小树素材，调整位置。效果如图12-49所示。

图12-46 复制"窗户"图层

图12-49 导入小树素材

12.5 案例实战：设置餐饮网站首页

本案例对餐饮网站首页进行切片。对制作好的网页效果文件进行切片前，需要分析网页中的元素哪些是静止不变的，哪些是共用元素。对于共用元素，一般需要单独导出，导出时应该隐藏其他图层。效果图如图12-50所示。

练习要点

- 使用【切片工具】和【切片选择工具】对图片进行切割处理；
- 熟练使用【矩形工具】对网页中的色块进行绘制；
- 掌握网页的页面要求。

图12-50　餐饮网站首页

STEP|01　打开餐饮网站首页效果文件，查看其内容和图层，如图12-51所示。

图12-51　查看组成

STEP|02　根据查看，得知网页头部（页眉）标志是独立的图，标题文字是标准字体；主体部分，背景是一张美食图，悬浮于背景图上；底部（页脚），表示图片切换的圆形图标是组合的图，文字是标准字体。

STEP|03　选择切片工具，首先从上到下将页面、主体、页脚切片，如图12-52所示。

图12-52　整体切片

STEP|04　隐藏所有文字图层，如图12-53所示。

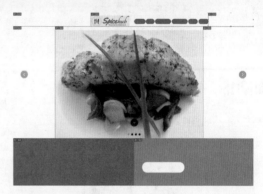

图12-53　隐藏文字

STEP|05　执行【文件】|【导出】|【存储为Web所用格式】命令，打开如图12-54所示的对话框。

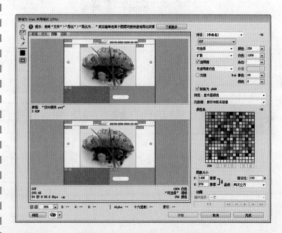

图12-54　存储为Web格式

STEP|06　分别选中切片1、3、4、6、7、8，设置优化格式为JPEG，品质为60%，如图12-55所示。选中切片2、5，设置优化格式为GIF，设置颜色数为256，如图12-56所示。

图12-55 JPEG优化

图12-26 GIF优化

STEP|07 单击【存储】按钮，选择餐饮网页首页文件夹，设置名称为canyin（网页图片只能用数字、英文命令），切片选项设置为所有切片，然后单击【保存】按钮，导出切片，如图12-57所示。

图12-57 导出切片

STEP|08 打开餐饮网页首页文件夹，可以看到其下包括一个images文件夹，这是导出切片时程序自动创建的文件夹。打开该文件夹，可以看到所有导出的切片图像，如图12-58所示。

（a）

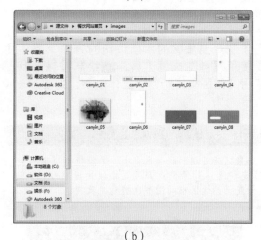

（b）

图12-58 输出的切片文件

提示

如果在【保存】对话框中，设置格式选项为【HTML和图像】，则可以同时导出切片图像和HTML文件。本案例设置为【仅限图像】，因此只是导出了切片图像。

12.6 高手训练营

⤵ 练习1. 网页Banner图像动画设计

本练习使用Photoshop里的动画功能来制作一个Banner图像动画，Banner广告一般放置在网页上的不同位置，在用户浏览网页信息的同时，可以吸引用户对广告信息的关注。为了增加动画的清新和生动，本练习使用了大自然的风景画来感化浏览者的心，如图12-59所示。

图12-59　制作Banner图像动画

传已成为一种时尚和趋势，各大婚庆公司的网站也在互联网上争奇斗艳，目的就是为了吸引更多"准婚族"的关注。本练习设计的是一张高贵典雅且蕴涵浪漫的婚庆网页，主要使用【图层蒙版】隐藏或呈现所需对象，使用【横排文本工具】 **T** 输入文本，使用【画笔工具】 **／** 绘制花纹和效果，如图12-61所示。

提示

在操作整个动画的时候，要注意图片的动画中所占有的时间和出场顺序，也要注意图片出场时间的节奏，不能使图片一个接着一个地出场，要有快有慢，混合搭配着出场。

练习2．绘制网页按钮

随着网络的普及和飞速发展，越来越多的商家及企业也将宣传的力度放在了网上。随着这个趋势的不断盛行，也直接刺激了网站设计与开发行业的风行。本练习为用户呈现绘制金属质感的水晶按钮的方法。其中主要使用【椭圆选框工具】 ⬭ 绘制按钮形状，使用【图层样式】创建立体效果，如图12-60所示。

提示

如果只改变图形的选区大小，必须执行【选择】|【变换选区】命令，如果直接按快捷键Ctrl+T进行变换，选区中的图形也将随之改变。

图12-61　婚庆网页

提示

在网页中输入主体文本时，可在【切换字符和段落面板】或执行【自由变换】命令对文本进行【倾斜】、【拉伸】等操作使文本更具有突破感。

练习4．设计网站进入页界面

网站的进入页是进入网站之前过渡的页面，是给网站访问者留下第一印象的网页。设计成功的进入页可以为浏览者留下一个深刻而美好的印象，促使浏览者继续浏览网站，提高浏览者对网站的兴趣，如图12-62所示。

图12-62　进入页

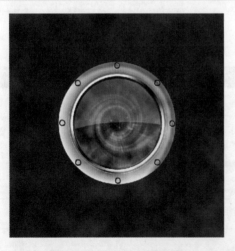

图12-60　绘制水晶按钮

练习3．网站内页设计

高贵、豪华已成为现代婚礼的时尚代名词。随着互联网日趋壮大，在网上进行广告宣

提示

在【图层】面板中，按住Shift键的同时单击版权、墨迹按钮，"进入"和背景图层，使它们处于被选中状态。

练习5. 制作网页切片

在制作网页切片时，可先根据文档中各个图层的内容设计参考线，然后选择【切片工具】 ，单击【工具选项栏】中的【基于参考线的切片】按钮，根据参考线生成自动切片。最后，根据网页内容将自动生成的切片合并，即可完成切片制作，如图12-63所示。

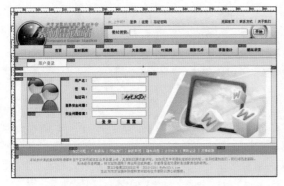

图12-63　网页切片

练习6. 设计个人博客网页界面

现如今，博客（Blog）是典型的网络新事物，是一种特别的网络个人出版形式，内容按照时间顺序排列，并且不断更新。博客是个人媒体、个人网络导航和个人搜索引擎。以个人为视角，以整个互联网为视野，精选和记录自己看到的精彩内容，为他人提供帮助，使其具有更高的共享价值。本练习运用【矩形选框】和【横排文字工具】等制作一个个人博客的网页界面，如图12-64所示。

图12-64　个人博客

练习7. 设计网络广告

随着互联网的普及，网络广告正处于蓬勃发展之中，网幅广告（Banner）是目前最常见的广告形式之一。一个好的Banner往往会吸引更多的访问者，增加网站的知名度。本练习主要运用【矩形工具】、【渐变工具】、【横排文字工具】及【图层样式】制作一个化妆品广告，如图12-65所示。

图12-65　网络广告

13

第13章　图像的打印与输出

　　输出图像是创作作品的最后一关，不论是实体印刷还是多媒体网络输出，都要设置合适的打印与输出参数才能让作品更添光彩。Photoshop软件输出图像的方式多样，并且每一种方式所针对的图像颜色模式也有所不同，读者可以根据需要使用不同的输出方式，获得完整的作品。

　　本章主要介绍打印的准备工作和模式的转换、打印的参数设置，以及图像的输出设置，以便打印出来的图像不会有颜色损失。

Photoshop

13.1 图像的打印

图像作品的实体输出即为打印，应用到生活中的图像作品大多是打印出来的，可见打印设置的重要性，本节我们就带领读者来认识并掌握Photoshop软件的打印设置。

13.1.1 印前校色

作品在打印前，会在不同的设备之间预览或转换，其中会存在一定的损失，印前校色可以保持颜色在不同设备上的一致性，是印刷前很重要的一个环节，它保证了印刷后的颜色效果与最初设想的效果一致。

它包括分色和校色两个内容。对于分色，首先要有一定色彩经验，要了解RGB、CMYK的区别，不能简单地通过屏幕效果分色校色，要了解黄、红、品红、紫、蓝、青、绿7种不同的色彩的经验值，还要掌握如何调节一些常见的颜色问题。

1．专色讲解 ▶▶▶

专色也称为自定义色，是指超出CMYK颜色之外的颜色，是特殊的油墨混合颜色，不是标准的青色、品红色、黄色和黑色，主要用于打印特殊的颜色（如荧光色或金黄色）。

> **注意**
>
> 在双色调模式下，或者在专色通道中使用专色。专色通道能和CMYK油墨一起使用或者代替CMYK油墨。

（1）黄色

黄色位于色环中红色与绿色之间，当品红的含量较大时，会出现偏红色的黄色；当青的含量较大时，会出现偏绿的黄色。即C油墨与M油墨含量的不同导致黄色的色调倾向，当C的含量增大时，黄色偏冷；当M的含量偏大时，黄色偏暖，如图13-1所示。

（a）

（b）

（c）

图13-1 黄色

（2）红色

红色主色是M＋Y，相反色是C。下面根据图13-2所示的图片来解释。其中M和Y的颜色配置有一些差异，当M＞Y时红色偏冷，显得刚强、冷硬；当Y＞M时红色偏暖，显得柔嫩、无力。若M、Y配置差别不大，红色较为鲜艳。

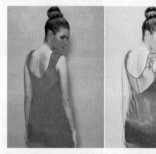

（a）　　　　　（b）

图13-2 红色

M和Y分别是90％与M和Y分别是99％时，会有很大的差异，如果印刷不出问题，百分配比相差10％是可以很明显看出来的。需要注意专色也是有层次的，如果一味地追求鲜艳却忽略层次，就会失去细节。因此，M和Y的配比都在90％以上的做法是不可取的。

（3）品红

红中的Y含量减少，红色变冷成为品红色，它的主色是M，相反色是C＋Y。常见的桃红色就属于品红，它给人柔和、温馨的视觉效果。它与品红的区别是桃红色中不仅M的含量大，而且还有Y的含量，而Y的含量大小确定了桃红色的冷暖。

（4）紫色和蓝色

当C的含量变大时就成了紫色。同一个紫色的CMYK配比在不同地方印出来的效果可能会存在很大的差异，这和油墨的品种有很大的关系，因为不同的油墨中品红的差异很大，这直接影响到紫色与蓝色的CMYK配比。

（5）青色

青色的配比中，C是主色，M＋Y是相反色，在大自然中真正青色的物体很少，C＝100％的情况几乎没有，如图13-3所示是一张蓝天的图片，可以发现这幅图青色的相反色配比都是较大的，即青的饱和度不高。此时的画面效果较为理想，如果将相反色去掉，不仅会影响到图片的真实性，而且会影响图片的层次。

图13-3　蓝天

（6）绿色

绿色的主色为C＋Y，相反色为M。Y的含量在80％以上、C的含量在60％以下的绿，给人的感觉都是果绿色，如图13-4所示。

图13-4　绿色

2．调节技巧 ▶▶▶▶

打印前发现图像存在颜色问题，为了符合打印的要求，可以使用Phtotshop中的【色阶】和【曲线】颜色调整命令进行调节。

当扫描或导入的图像颜色偏色时，首先要分辨清楚颜色的偏色倾向，图13-5所示是一张色调偏红的图片。如果不是CMYK模式的图片，首先将图像的颜色模式转换为CMYK，然后执行【图像】|【调整】|【曲线】命令，在【通道】下拉列表中选择【洋红】选项，拖动曲线色调图向下移动，降低图像中洋红色调的成分。

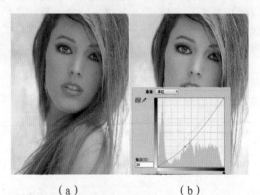

（a）　　　　　　　　　（b）

图13-5　洋红

> **提示**
>
> 使用【色阶】命令同样可以起到校正偏色的作用，执行【图像】|【调整】|【色阶】命令，打开【色阶】对话框，在【通道】下拉列表中选择【洋红】选项，设置【输入色阶】，降低图像中洋红色调的成分。

13.1.2　模式转换

完成作品的创建后，就可以印刷，这时需要将作品的颜色模式转换成CMYK模式来分色。在制作过程中，将作品模式转换成CMYK模式可以在不同的阶段完成。

1．色域 ▶▶▶▶

色域也称为色彩空间，实际上就是各种色彩的集合范围，是色彩系统可以显示或打印的彩色范围。色彩的种类越多、色域越大，能够表现的颜色范围（色域）越广。对于具体的图像设备，其色域就是该设备所能表现的色彩总和。要表现这些色彩，就要按一定的规律把这些色彩组织起来，人们建立了多种类型的色彩模式，以一维、二维、三维甚至四维空间坐标来规范表示这些色彩，系统化的色域就是某种坐标系统所能定义的颜色范围，如图13-6所示。

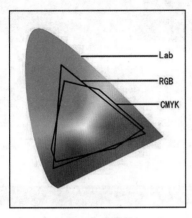

图13-6　色域

（1）RGB色域的几种类型

sRGB即标准RGB色域。它由1997年微软与惠普联合确立，后来被许多的软、硬件厂商所采用，逐步成为许多扫描仪、低档打印机和软件的默认色域。同样采用sRGB色域的设备之间，可以实现色彩相互模拟，但它又是通过牺牲色彩范围来实现各种设备之间色彩的一致性的，这是所有RGB色域中最狭窄的一种。

Adobe RGB（1998）由Adobe公司制定，其雏形最早用在Photoshop 5.x中，称为SMPTE-240M。它具备非常大的色彩范围，其绝大部分色彩却又是设备可呈现的，这一色域全部包含了CMYK的色彩范围，为印刷输出提供了便利，可以更好地还原原稿的色彩，在出版印刷领域得到了广泛应用。

ColorMatch RGB是由Radius公司定义的色域，与该公司的Pressview显示器的本机色域相符合。Wide Gamut RGB是用纯谱色原色定义的很宽色彩范围的RGB色域。这种色域包括几乎所有的可见色，比典型的显示器能准确显示的色域还要宽。但是，由于这一色彩范围中的很多色彩不能在RGB显示器或印刷上准确重现，所以这一色域并没有太多实用价值。

（2）CMYK色域

CMYK色域是专门针对印刷制版和打印输出制定的。它描述的实际就是不同颜色墨水的配比，与具体的设备、耗材密切相关。正如前面所提到的，虽然配比相同，不同的墨水在不同的纸张上所呈现的色彩也会有所不同。在

CMYK色域模式中，C表示蓝色，M表示红色，Y表示黄色，K表示黑色。

（3）CIE Lab色域

CIE Lab简称Lab，它描述的是正常视力范围内的所有颜色。在所有的色域标准中，它的色域最广，是一种常用的色彩模式。其中，L代表亮度，a代表从绿色到红色，b代表从蓝色到黄色。

要让不同设备在表现色彩时能够相互匹配，需要制定出一种与设备无关的色彩体系，抽象出一种"理论化"的色彩，以使不同设备的色彩能够相互比较、相互模拟。现在被广泛采用的"理论化"色域是国际照明协会所制定的1931CIE-XYZ系统以及以它为基础而建立的CIE Lab系统。1931CIE-XYZ系统是在RGB系统的基础上，用数学方法，选用三个理想的原色来代替实际的三原色，构成理想的、与设备无关的色彩体系，其制定的过程是一个非常复杂的色彩学、数学、心理学综合工程，从而能够在这种色域模式作用之下，很好地把需要的色彩还原出来。

2．RGB与CMYK模式的转换 ▶▶▶▶

在制作过程中，随时从Photoshop的模式菜单中选取CMYK四色印刷模式（CMYK颜色）。在图像转换模式后，就无法再从模式菜单中选RGB三原色模式〈RGB Color〉变回原来图像的RGB色彩了。因为RGB的色彩模式在转换成CMYK色彩模式时，色域外的颜色会变暗，这样才会使整个色彩成为可以印刷的文件。因此，在将RGB模式转换成CMYK模式之前，一定要先存储一个RGB模式的备份，这样，如果不满意转换后的结果，还可以重新打开RGB模式文件，如图13-7所示。

图13-7　模式

最后一种方式是让输出中心应用分色公用程式，将RGB模式的作品较完善地转换成CMYK模式。这将省去很多的时间，但是有时也可能出现问题，例如没有看到输出中心的打样，或觉得发片人员不会注意你的样稿，结果可能造成作品印刷后和样稿相去较远。也就是说，某些时候自己做转换是控制颜色的唯一方法。转换时，更要注意屏幕选项、分色选项和印刷油墨选项功能，因为这些都会影响作品的最后效果。

3. 转换为索引颜色模式 ▶▶▶▶

索引颜色模式是网上和动画中常用的图像模式，例如GIF格式的图像其实就是一个索引模式的图像。在将色彩图像转换为索引颜色时（只有RGB和灰度模式下才能转换为索引模式），会删除图像中的很多颜色，而仅保留其中的256种颜色。

当转换为索引颜色时，Photoshop将构建一个颜色查找表（CLUT），用以存放并索引图像中的颜色。如果原图像中的某种颜色没有出现在该表中，则程序将选取最接近的一种，或使用仿色以现有颜色来模拟该颜色，如图13-8所示。

图13-8　索引颜色

4. Lab模式的转换 ▶▶▶▶

Lab模式所定义的色彩最多，且与光线及设备无关，并且处理速度与RGB模式同样快。因此，可以放心大胆地在图像编辑中使用Lab模式。打开一张灰度格式的图片，选择【图像】|【模式】中的【Lab颜色】，转换为Lab格式。然后在a和b通道上作垂直黑色渐变填充，如图13-9所示。

图13-9　Lab模式的转换

注意

Lab模式在转换成CMYK模式时色彩没有丢失或被替换。因此，最佳避免色彩损失的方法是：应用Lab模式编辑图像，再转换为CMYK模式打印输出。

13.1.3　打印对话框

处理完图像后，就可以输出图像。在Photoshop中，处理的图像既可以用于打印，也可以用于网络显示。对于不同的用途，除了图像颜色模式的不同外，还需要设置不同的图像分辨率。本节介绍如何将处理好的图像进行打印输出。

在Photoshop中打开要打印的图像，执行【文件】|【打印】命令（快捷键为Ctrl+P），其中在右侧的下拉列表中选择不同的选项，会在其下方显示相关的参数设置，如图13-10所示。

图13-10　【Photoshop打印设置】对话框

1. 位置 >>>>

该选项组用来设置图像在打印纸张中的位置。【顶】选项用来设置图像到纸张顶端的距离；【左】选项用来设置图像到纸张左端的距离；启用【居中】选项，图像将位于纸张的中央，如图13-11所示。

图13-11 位置

2. 缩放后的打印尺寸 >>>>

该选项组是设置图像缩放后的打印尺寸。【缩放】选项用来设置图像的缩放比例，从而确定图像的打印尺寸；也可以在【高度】与【宽度】文本框中输入数值来确定图像的打印尺寸。

13.1.4 色彩管理选项

在了解了【打印】对话框后，接下来就要设置打印选项，包括设置页面、设置【色彩管理】选项。

1. 页面设置 >>>>

打印图像的预备工作首先是设置纸张大小、打印方向和质量等。执行【文件】|【打印】命令在打开的【打印】对话框中单击【打印设置】按钮，即可在弹出的对话框中设置页面方向。然后，单击【高级】按钮，可以设置页面大小，如图13-12所示。

图13-12 【高级】按钮

2. 设置【色彩管理】选项 >>>>

在【打印】对话框右上端的下拉列表中选择【色彩管理】选项，切换到【色彩管理】选项卡中，通过对其中各选项的设置，可对要打印文件的颜色进行管理。

(1) 文档

打印当前文档，如果选中了【Photoshop管理颜色】，可确保在【打印机配置文件】下拉菜单中为打印机设置配置文件。在【文档】单选按钮后面显示文档配置文件的名称，如果文档中没有嵌入的配置文件，则显示【颜色设置】对话框中指定的配置文件。

(2) 校样

通过模拟文档在另一设备（如印刷机）上输出打印文档。如果颜色处理设置为【Photoshop管理颜色】，则使用【打印机配置文件】菜单来指定要用于打印的设置的配置文件。校样配置文件显示用于将颜色转换到试图模拟的配置文件名称。在该单选按钮后面显示用于将颜色转换到试图模拟的设备的配置文件名称，使用【视图】|【校样设置】命令指定。

(3) 颜色处理

确定是否使用色彩管理，如果使用，则确定是在应用程序中还是在打印设备中使用。下面是各选项的作用说明。

（1）**打印机管理颜色**：指示打印机将文档颜色数转换为打印机颜色数。Photoshop不会更改颜色数。

（2）**Photoshop管理颜色**：为保留外观，Photoshop会执行适合于选中打印机的任何必要的颜色数转换。

（3）**无色彩管理**：打印时不会更改文档中的颜色值。

（4）打印机配置文件

选择适用于打印机和将使用的纸张类型的配置文件。在【打印机配置文件】下拉列表中，可选择使用于打印机和将使用的纸张类型的配置文件。

（5）渲染方法

确定色彩管理系统如何处理色彩空间之间的颜色转换。选取的渲染方法取决于颜色在图像中是否重要以及对图像总体色彩外观的喜好。

【黑场补偿】复选框可在转换颜色时调整黑场中的差异。如果选中，源空间的全范围将会映射至目标空间的全范围。如果文档和打印机有基本同样大小的色域，但其中一个黑色更深时，这将会很有用。

（6）校样设置

校样设置的名称，该校样设置包含用于将颜色转换为视图模拟的色彩空间的配置文件和渲染方法。

（1）**模拟纸张颜色**：选中该复选框，校样将会模拟颜色在模拟设备纸张上的样子（绝对比色渲染方法）。例如校样想要模拟报纸，在校样中图像高光就会显示得暗一些。该选项会生成最精确的校样。

（2）**模拟黑色油墨**：选中该复选框，校样将包含输出设备的深色亮度的模拟。选中此选项会获得更精确的校样。如果取消选中，会以尽可能深的方式打印最深的颜色，而不进行精确模拟。

13.2 图像的输出

图像的输出设置包括打印的对话框内容设置和网络输出设置，本节详细叙述输出选项的各项内容和网络输出的网络安全色等，为读者输出优秀作品奠定基础。

13.2.1 输出选项

在设置好打印选项及选择好纸张后，除了在电脑上做的东西外，还需要添加一些额外的标记，以用作印后加工的参考线。它们是出片时自动生成的。例如，对于严格按成品尺寸设置的页面，如果需要折成均等的两半，就需要在中间添加十字线标记，以作为折叠标记；如果设计页面比成品大，就需要在页面上添加裁切的标记。

要添加这些打印标记，可以通过【打印】对话框中的选项进行输出前的一些具体设置进行调整，如校准条、中心裁剪标志以及出血设置等。下面对各选项的作用进行详细的介绍。

1. 打印标记 ▶▶▶▶

通过设置【打印标记】选项组中的各个选项，可将标签、角裁切线及中心裁切线等

内容打印到文档中，以方便查看，如图13-13所示。

图13-13 【打印标记】

（1）**套准标记**：启用该选项，可以在图像周围打印出靶心和星形色靶标记，这些标记主要用于对齐分色。

（2）**角裁切标志**：启用该选项，可以在图像的4个角上打印出裁切标记。在PostScript打印机上，选择此选项也可以打印星形色靶。

（3）**中心裁剪标志**：启用该选项，可以在图像4个边框的中心位置打印出中心裁切线，以便对准图像中心。

（4）**说明**：启用该选项，可以打印在【文件简介】对话框中输入的任何说明性文本（最多约300个字符），采用9号Helvetica无格式字体打印。

（5）**标签**：启用该选项，可以在图像上方打印出图像的文件名称和通道的名称。如果打印分色，则将分色名称作为标签的一部分打印。

> **提示**
>
> 只有当纸张比打印图像大时，才会打印校准栏、套准标记、裁切标记和标签。星形色靶套准标记要求使用 PostScript 打印机。

2. 函数 ▶▶▶▶

通过【函数】选项组，可调整【背景】、【边界】及【出血】等选项设置。下面对各选项进行详细的介绍。

（1）**药膜朝下**：启用该选项，可以使文字在药膜朝下（即胶片或相纸上的感光层背对用户）时可读。正常情况下，打印在纸上的图像是药膜朝上的，感光层正对着用户时文字可读。打印在胶片上的图像通常采用药膜朝下的方式。

（2）**负片**：启用该选项，可以打印整个输出（包括所有蒙版和任何背景色）的反相版本。与【图像】菜单中的【反相】命令不同，【负片】选项可以将输出（非屏幕上的图像）直接转换为负片。在将分色直接打印到胶片等情况下，可能需要使用负片。

（3）**背景**：单击该按钮打开【选择背景色】拾色器，从中可以选择图像区域以外打印纸张上填充的颜色。选择要在页面上的图像区域外打印的背景色。例如，对于打印到胶片记录仪的幻灯片，黑色或彩色背景可能很理想。要使用该选项，可以单击【背景】按钮，在【拾色器】对话框中选择一种颜色。这仅是一个打印选项，它不影响图像本身。

（4）**边界**：单击该按钮打开【边界】对话框，在【宽度】文本框中输入数值可定义打印后显示图像边框的宽度。

（5）**出血**：使用此选项可在图形内裁切图像，而不是在图像外打印裁切标记。单击该按钮打开【出血】对话框，在【宽度】文本框中输入数值可定义图像出血的宽度。

> **提示**
>
> 出血又称出穴位，其作用主要是保护成品裁切时，有色彩的地方在非故意的情况下，做到色彩完全覆盖到要表达的地方。为了保证页面正文不受影响，在设计制作过程中，页面内距印刷品边界3mm的范围内不安排重要信息，以避免被裁切掉。

3. 输出注意事项 ▶▶▶▶

设置完成打印的页面和预览选项后，就可以执行【文件】|【打印一份】命令（快捷键为Alt＋Shift＋Ctrl＋P），使用默认选项打印一份图像。

如果想要对打印的范围和份数进行设置，则可以在【打印】对话框中单击右下角的【打印】按钮，在【打印】对话框中设置选项即可。

Photoshop中的打印选项一旦设置完成后，就可以一直使用其中的参数值。但是图像本身还需要注意几个方面的内容，例如图像格式、图像颜色模式与图像分辨率等。

（1）文件格式

需要印刷输出的图像，在工作的时候可以保存为PSD格式。确定不需要修改时，可以将图像输出为TIF格式，这种格式可以在PC和Mac OS之间互换，并带有压缩保存。

（2）颜色模式

印刷输出的图像都需要转换为CMYK模式，如果不转换，输出的胶片就会与原图像出现色偏。

（3）分辨率

用于印刷输出的图像一般需要分辨率在300～600dpi（像素/英寸）之间。

（4）图像尺寸

对于印刷输出的图像，还需要考虑到图像的"出血"问题。在制作图像之前，需要在宽度和高度上都多出3mm左右，以便做成最后成品的时候不会因为边缘被裁去部分图像而失去原有的图像效果。也就是说，如果厂家要求设计一个121mm×121mm的光盘封面，那么在设计图像时就应该将尺寸设计成127mm×127mm。

13.2.2 使用网络输出

Photoshop中的图像除了可以用于印刷外，还可以用于网络输出，也就是将图像发布于网上。这时在制作过程中就需要注意与印刷图像相同的问题，例如文件格式一般采用JPEG、GIF或者PNG格式；而颜色模式一般使用RGB模式即可；网络图像的分辨率采用屏幕分辨率——72dpi，或者可以更低一些。

网页安全颜色是指在不同硬件环境、不同操作系统、不同浏览器中都能够正常显示的颜色集合。它是浏览器使用的216种颜色，与平台无关。在8位屏幕上显示颜色时，浏览器将图像中的所有颜色更改成这些颜色。使用网页安全颜色进行网页配色可以避免原有的颜色失真问题，而在Photoshop拾色器中可以直接选择网页安全颜色，方法是在该对话框中启用【只有Web颜色】选项即可，如图13-14所示。

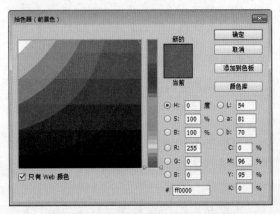

图13-14 启用【只有Web颜色】选项

只有在前期创作时就使用网页安全颜色，才会避免后期进行优化或进行其他操作时损失太多的颜色，保持输出的图像与前期制作的图像颜色一致。

在【拾色器】对话框中选择颜色时，如果禁用【只有Web颜色】复选框，则【拾色器】对话框中的该颜色矩形旁边会显示一个警告立方体，单击该警告立方体，可以选择最接近的Web颜色，如图13-15所示。

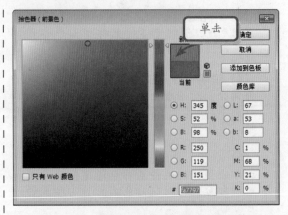

图13-15 禁用【只有Web颜色】复选框

通过【颜色】调板也可以选择网络安全颜色。单击右上角的三角形按钮，在弹出的调板菜单中执行【建立Web安全曲线】命令，在颜色滑块中拾取的颜色都是适用于网络的颜色。也可以执行【Web颜色滑块】命令，以在拖动Web颜色滑块时，该滑块紧贴着Web安全颜色，如图13-16所示。

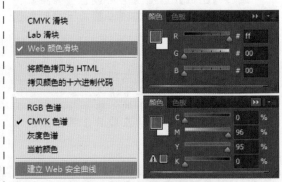

图13-16 Web颜色滑块

> **提示**
>
> 如果要滑过Web安全颜色中间区域，可以在拖动滑块时按住Alt键。

> **提示**
>
> 一般情况下，网页中的图像都是使用小尺寸的图像，这样在浏览网页时就可以看到图像逐渐显示，从而避免长时间的等待。

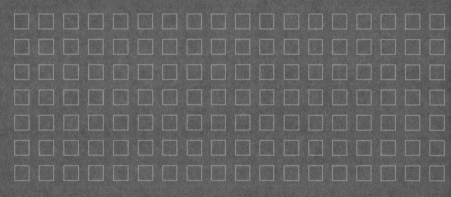

第14章 综合实例

学以致用，学习告一段落后，就可以进入实战的阶段了。Photoshop的多种工具是复杂地交替使用的，只有了解并掌握各种命令和工具，融会贯通才能将Photoshop使用的得心应手，创作出完美的作品。Photoshop的功能多样，应用也广泛，针对不同的应用，所介绍的实例制作要点也各不相同。

本章主要从数码照片处理、商业广告设计、漫画手绘、网页设计以及海报设计等方面，介绍Photoshop图像制作方法与理念。

Photoshop

14.1   制作婚纱写真效果

本实例将要对婚纱照片进行处理。在制作的过程中，要能够体现出女性的柔情以及婚纱照的梦幻，整个画面采用柔柔的暖色调，以突出浪漫、温馨，以及女性特有的柔美视觉效果。

在制作过程中主要运用【渐变工具】、【画笔工具】来完成背景，对文字的处理主要是多种图层样式的结合使用来实现的。对人物照片色调的处理是关键，主要运用了【曲线】、【色彩平衡】和【色相/饱和度】等命令，处理时要把握整体的色调和画面的层次感，如图14-1所示。

图14-1   图像效果

1. 制作背景 ▶▶▶▶

STEP|01   按快捷键Ctrl+N打开【新建文件】对话框，新建一个1600×1200像素、分辨率为300的文件。

STEP|02   新建"底色"图层，使用【渐变工具】▬，创建从左到右的线性渐变，如图14-2所示。

注意

使用渐变工具时，要注意选项栏里渐变类型的选择，以及【反向】复选框的启用。

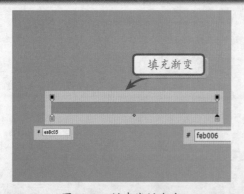

图14-2   创建线性渐变

STEP|03   导入素材，复制和使用自由变换命令，调整其大小和位置并拼合图层，如图14-3所示。

图14-3   导入素材

STEP|04   载入该图层的选区，然后将选区羽化25个像素，新建图层，填充白色。并移动该图层到花下面，如图14-4所示。

图14-4   设置图层

技巧

在使用【羽化】命令做出色彩扩展范围大的效果时，羽化半径像素要设置得大一点，反之，则设置得小一点。

STEP|05   设置前景色为#FEDA00，新建"方形"图层，绘制矩形选区并填充前景色，如图14-5所示。

图14-5　绘制矩形选区并填充

STEP|06 执行【图层】|【图层样式】|【描边】命令，为该图层添加【描边】图层样式，设置【描边】样式参数，如图14-6所示。

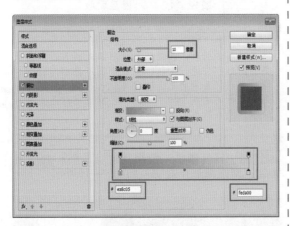

图14-6　描边

STEP|07 设置完【描边】参数后，双击【外发光】复选框，打开【外发光】选项并设置参数，如图14-7所示。

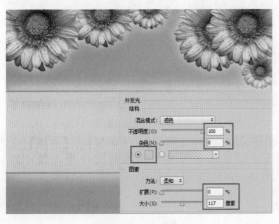

图14-7　外发光

2.制作主题 ▶▶▶▶

STEP|01 打开素材，运用曲线将画面调亮一些，然后在【通道面板】中，选择对比最强烈的绿通道复制，如图14-8所示。

图14-8　复制通道

STEP|02 使用【多边形套索工具】 ，在人物外的地方绘制选区，并将选区羽化1个像素填充黑色，如图14-9所示。

图14-9　涂抹背景

STEP|03 接着，使用【多边形套索工具】 ，在人物的地方绘制选区，并将选区羽化1个像素填充白色，如图14-10所示。

图14-10　涂抹人物

STEP|04 执行【图像】|【调整】|【反相】命令，将图像进行反相处理，如图14-11所示。

图14-11 反相

STEP|05 载入该通道选区，回到图层面板，显示选择人物及婚纱部分，将选区羽化0.5个像素，如图14-12所示。

图14-12 选区羽化

STEP|06 使用【移动工具】，将选区的图像移至文档内，使用自由变换命令，调整其大小、位置，并对其进行【色彩平衡】调整，如图14-13所示。

图14-13 色彩平衡

STEP|07 为该图层添加【图层蒙版】，将前景色设为黑色，使用不透明度为20%的画笔，在不需要显示的地方涂抹，如图14-14所示。

图14-14 添加图层蒙版

技巧

添加图层蒙版后，在蒙版里使用黑色画笔在不需要的图形部分进行涂抹，可以使其不显示，在衔接处可以将画笔的不透明度降低一些。如果误将需要显示的地方涂抹了黑色，可以使用白色重新涂抹，使其显示出来。

STEP|08 打开素材，使用【裁切工具】框选人物，对画面进行裁切，如图14-15所示。

图14-15 裁切图像

STEP|09 执行【图像】|【调整】|【曲线】命令，调整曲线节点，使画面变得亮一些，如图14-16所示。

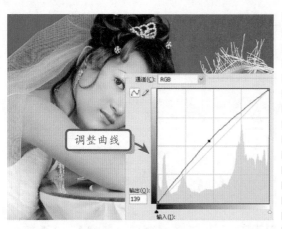

图14-16 调整曲线

STEP|10 接着，执行【图像】|【调整】|【色彩平衡】命令，设置参数，调整画面整体颜色，如图14-17所示。

图14-17 调整整体颜色

STEP|11 然后，执行【图像】|【调整】|【色相/饱和度】命令，设置参数，降低画面整体的饱和度，如图14-18所示。

图14-18 调整色相/饱和度

STEP|12 使用【移动工具】将调整好的图像移至文档内，使用自由变换命令，调整其大小、位置，并为其添加【描边】图层样式，如图14-19所示。

图14-19 添加描边

STEP|13 设置完【描边】参数后，双击【投影】复选框，打开【投影】选项并设置参数，如图14-20所示。

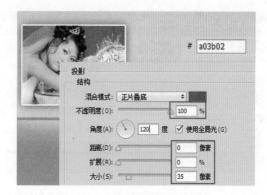

图14-20 添加投影

STEP|14 运用上述方法，处理"人物2"素材，并将其放置在文档内添加图层样式，如图14-21所示。

图14-21 添加图层样式

3. 添加文字 ▶▶▶▶

STEP|01 使用【横排文字工具】 T ，在画面左下角添加文字，并为文字添加【斜面／浮雕】图层样式，如图14-22所示。

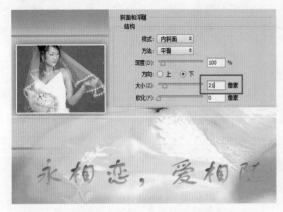

图14-22 添加【斜面／浮雕】

STEP|02 设置完【斜面／浮雕】参数后，双击【渐变叠加】复选框，打开【渐变叠加】选项并设置参数，如图14-23所示。

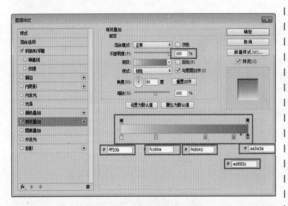

图14-23 添加渐变叠加

STEP|03 设置完【渐变叠加】参数后，接着，双击【描边】复选框，打开【描边】选项并设置参数，如图14-24所示。

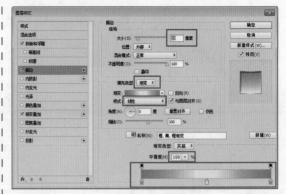

图14-24 添加描边

STEP|04 设置完【斜面／浮雕】、【渐变叠加】和【描边】样式后的文字效果如图14-25所示。

图14-25 文字效果

STEP|05 复制文字图层，并将其垂直翻转，然后，为其添加【图层蒙版】，创建一个渐变过程，如图14-26所示。

图14-26 图像效果

STEP|06 调整细节，完成最终效果。

14.2 商业广告设计

本实例将制作一个房地产广告，主要练习图层样式在图像中的运用，首先使用椭圆选框工具绘制出透明椭圆形图像，然后再输入文字，分别为文字添加图层样式，最后添加各种素材图像。实例效果如图14-27所示。

图14-27　图像效果

操作步骤：

STEP|01 选择【文件】|【新建】命令，打开【新建】对话框，设置文件名为"楼盘开盘广告"，宽度与高度为13cm和12cm，其余设置如图14-28所示。

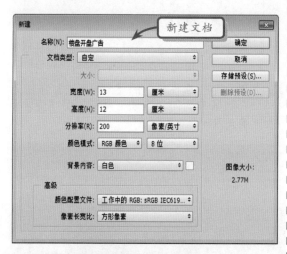

图14-28　新建文件

STEP|02 选择【滤镜】|【杂色】|【添加杂色】命令，打开【添加杂色】对话框，设置【数量】为36，然后再选择【高斯分布】和【单色】选项，如图14-29所示。

图14-29　添加杂色

STEP|03 完成设置后，单击【确定】按钮得到杂点图像，如图14-30所示。

图14-30　图像效果

STEP|04 打开光盘，使用移动工具将该图像拖动到当前编辑的图像文件中，如图14-31所示。

图14-31　添加素材图像

STEP|05 这时【图层】面板中将自动生成"图层1"，单击【图层】面板底部添加图层蒙版按钮，然后使用画笔工具对蓝天图像底部做涂抹，隐藏部分图像，如图14-32所示。

图14-32　隐藏部分图像

注意

使用渐变，绘制渐变色效果时，使用不透明度的渐变，修改其不透明度的参数，中间值为白色，不透明度为100%，其他为0%。

STEP|06 新建一个图层，使用椭圆选框工具绘制一个椭圆形选区，选择【选择】|【变换选区】命令，适当旋转选区，如图14-33所示。

图14-33　变换选区

STEP|07 选择渐变工具，打开【渐变编辑器】对话框，设置渐变颜色从浅蓝色（R26，G171，B203）到蓝色（R42，G61，B115）到深蓝色（R21，G32，B23），如图14-34所示。

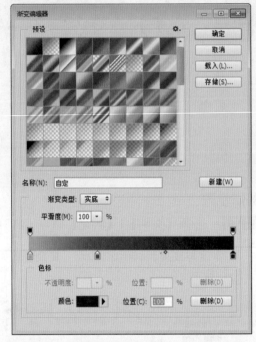

图14-34　渐变工具

STEP|08 单击属性栏中的【径向渐变】按钮，然后在选区中间向外拖动，得到如图14-35所示的填充效果。

图14-35　径向渐变

STEP|09 设置前景色为湖蓝色（R16，G109，B112），使用画笔工具在圆形右下方绘制反光图像，效果如图14-36所示。

图14-36 绘制反光

STEP|10 选择【选择】|【变换选区】命令，适当缩小选区，设置前景色为白色，使用画笔工具绘制白色高光图像，如图14-37所示。

图14-37 绘制高光

STEP|11 在白色高光图像下方再绘制一个椭圆形选区，使用【画笔工具】对选区上涂抹，绘制出另一块高光图像，如图14-38所示。

图14-38 绘制高光

STEP|12 按Ctrl+D组合键取消选区，选择【横排文字工具】输入文字OPEN，填充为黄色（R255，G255，B0），如图14-39所示。

图14-39 输入文字

STEP|13 选择【图层】|【图层样式】|【投影】命令，打开【图层样式】对话框，设置投影颜色为黑色，距离为11，大小为2，单击【确定】按钮，得到如图14-40所示的图像效果。

图14-40 设置投影

STEP|14 按住Ctrl键单击文字图层，载入文字选区，选择【选择】|【变换选区】命令略微缩小选区，使用渐变工具为选区做线性渐变填充，设置填充颜色从土黄色（R200，G141，B0）到黄色（R255，G255，B0），如图14-41所示。

图14-41　渐变填充

STEP|15 选择套索工具，按住Alt键选中文字上方选区，得到减选后的选区，如图14-42所示。

图14-42　减选选区

STEP|16 使用渐变工具为选区做线性渐变填充，设置颜色从土红色（R144，G51，B22）到透明，如图14-43所示。

图14-43　渐变填充

STEP|17 使用与前面两步相同的操作方法，对文字上半部分选区应用从白色到透明的渐变填充，效果如图14-44所示。

图14-44　图像效果

STEP|18 设置前景色为黑色，使用画笔工具对刚刚填充的选区下部做适当的涂抹，让图像有厚度感，效果如图14-45所示。

图14-45　涂抹图像效果

STEP|19 选择文字图层，按Ctrl+J组合键复制得到文字图层副本，选择【编辑】|【变换】|【垂直变换】命令，将变换后的文字放到下方，如图14-46所示。

图14-46 垂直变换

STEP|20 为复制的文字图层添加图层蒙板,然后使用渐变工具对其从上到下应用线性渐变填充,得到投影效果,如图14-47所示。

图14-47 投影效果

STEP|21 新建一个图层,放到背景图层上方,使用画笔工具为圆形做黑色投影效果,并在属性栏中设置不透明度为66%,效果如图14-48所示。

图14-48 投影效果

STEP|22 打开光盘文件,使用移动工具分别将这两个素材拖动到当前编辑的图像文件中,放到如图14-49所示的位置。

图14-49 添加素材

STEP|23 选择横排文字工具,在画面下方输入一行文字,在属性栏中设置字体为黑体,颜色为黑色,并适当将文字"12"放大,如图14-50所示。

图14-50 输入文字

STEP|24 选择【图层】|【图层样式】|【投影】命令,打开【图层样式】对话框,设置投影颜色为黑色,其余参数如图14-51所示。

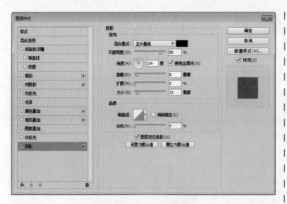

图14-51　投影

STEP|25 选中对话框左侧的【渐变叠加】选项，设置渐变颜色从土红色（R122，G45，B10）到黄色（R249，G201，B86），其余参数如图14-52所示。

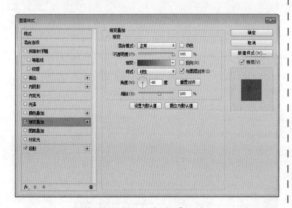

图14-52　渐变叠加

STEP|26 选中对话框左侧的【描边】选项，设置描边颜色为白色、大小为5，其余参数如图14-53所示。

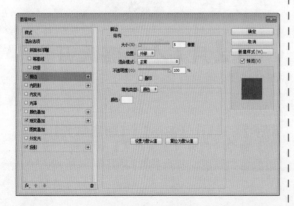

图14-53　描边

STEP|27 单击【确定】按钮，得到添加图层样式后的文字效果，如图14-54所示。

图14-54　图像效果

STEP|28 输入一行文字"临水而居　别样生活"，在属性栏中设置字体为黑体，颜色为白色，然后打开【图层样式】对话框，选择【外发光】样式，设置外发光颜色为黑色、大小为4，如图14-55所示。

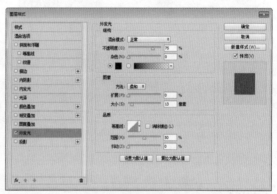

图14-55　外发光

STEP|29 单击【确定】按钮，得到添加图层样式后的文字效果，如图14-56所示。

图14-56　图像效果

STEP|30 设置前景色为黑色，输入一行英文和一行中文文字，设置中文字体为幼圆，英文字体为Palace Script MT，适当调整文字大小，如图14-57所示，完成本实例的制作。

图14-57　图像效果

14.3　数码网页图像设计

购物网站是网络购物站点，是产品销售和服务性质的网站，如果设计不当就很可能导致客户的流失。确定网站设计风格时，要考虑怎样的设计才能更加有效地吸引顾客，构造具有特色的网上购物网站。

网站色彩也对人们的心情产生影响，不同的色彩及其色调组合会使人们产生不同的心理感受。购物网站以白为基调，会给人一种安静的感觉；以灰中带白色为基调，给人以时尚高端之感，使人充满向往。例如本案例所制作的购物网站首页，以灰白为色调，如图14-58所示。

这里的购物网站主要以笔记本电脑、手机和照相机为产品。首页展示了以三种产品图像。制作过程中，首先要确定的是网页的布局及色调，然后根据色调制作网站背景。

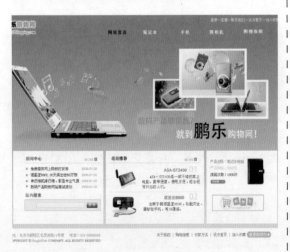

图14-58　鹏乐购物网首页

1．首页设计 ▶▶▶▶

STEP|01 新建一个1024×750像素、白色背景的文档。按快捷键Ctrl+R显示标尺，拉出两条水平辅助线，如图14-59所示。

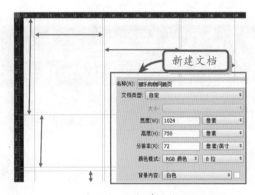

图14-59　新建文档

STEP|02 新建图层"背景"，使用【矩形选框工具】，如图14-60所示，在像素内建立矩形选区，并填充颜色#e2e2e2。

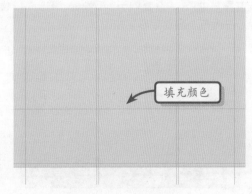

图14-60　填充颜色

STEP|03 双击该图层，打开【图层样式】对话框，启用【渐变叠加】选项。设置#797A78-#C3C3C2-#E1E1E0颜色渐变，参数设置如图14-61所示。

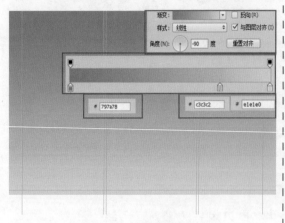

图14-61 添加渐变效果

STEP|04 设置前景为白色，使用【矩形工具】，在【工具选项栏】上单击【形状】，在像素内建立矩形，如图14-62所示。

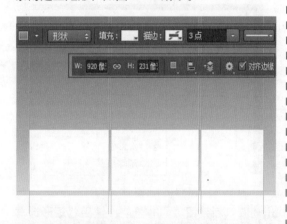

图14-62 建立矩形

STEP|05 设置前景色为#E9E9E9，再次使用【矩形工具】，设置W为220像素，H为142像素，在画布上建立矩形，如图14-63所示。

图14-63 创建形状图层

STEP|06 按住Ctrl键单击当前图层蒙版缩览图，载入图像矩形选区。执行【选择】|【变换选区】命令，单击【工具选项栏】上的【保持长宽比】按钮。设置【水平缩放】为110%，选区扩大。按Enter键结束变换，并在矩形下方新建图层"顶白框"，填充白色，取消选区，如图14-64所示。

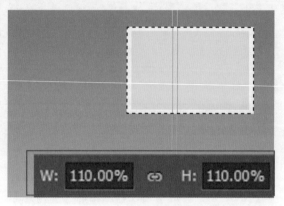

图14-64 绘制相框效果

STEP|07 按照上述方法，分别在该图形左边和右边绘制两个小型相框，首页背景及整个布局基本绘制完成，如图14-65所示。

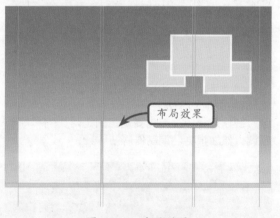

图14-65 布局效果

2．内容添加 >>>>

STEP|01 制作标志，使用【横排文字工具】输入"鹏乐购物网"和网址WWW.PLShopping.com。设置文本属性，如图14-66所示。

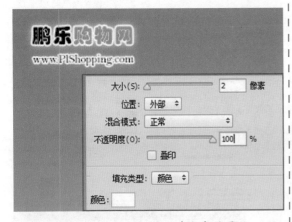

图14-66 输入网站名称

STEP|02 分别双击文本图层，启用【描边】图层样式，对文字添加2像素白色描边。并添加与标志参数相同的外发光效果，如图14-67所示。

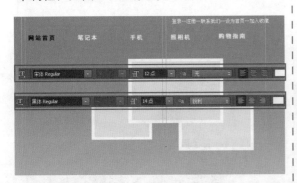

图14-67 添加描边和外发光效果

STEP|03 使用【横排文字工具】，在首页右上角输入小导航"登录--注册--联系我们--设为首页--加入收藏"文本和导航信息。设置文本属性，如图14-68所示。

图14-68 输入导航信息

STEP|04 新建图层"导航线"，使用【矩形选框工具】██，设置【宽度】为1像素、【高度】为20像素。建立选区，填充墨绿色（#9bc508），取消选区，如图14-69所示。对"网站首页"导航文字添加【颜色叠加】图

层样式，设置为黑色。

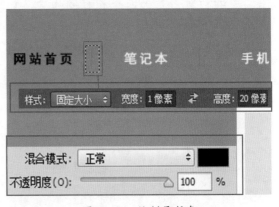

图14-69 绘制导航条

STEP|05 导入"电脑.psd"素材和"音符树叶.psd"素材文档中的图像并放置到合适位置，如图14-70所示。

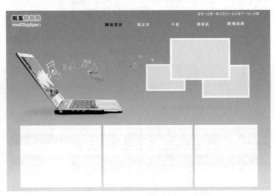

图14-70 导入素材

STEP|06 打开"相机"素材，放置于较大的相框图像上。将相机所在的图层放置在该形状相框图层上，并将鼠标放在两图层之间，按住Alt键单击，如图14-71所示。

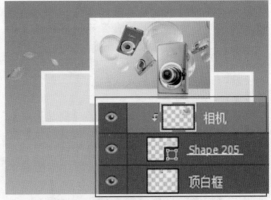

图14-71 放置相机图片

STEP|07 分别打开"手机"、"笔记本"素材，并放置于其他两个相框图像中，如图14-72所示。

图14-72 放置手机及笔记本图像

STEP|08 使用【横排文字工具】**T**，输入宣传语，设置文本属性，如图14-73所示。

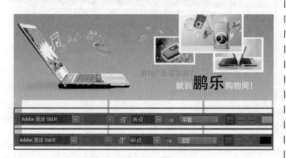

图14-73 输入宣传语

STEP|09 导入"内容1.psd"素材和"圆.psd"素材文档中的图像并放置到合适位置，如图14-74所示。

图14-74 导入素材

STEP|10 使用【横排文字工具】，在首页最下方空白区域输入版权信息，如图14-75所示。

图14-75 输入版权信息

14.4 绘制动漫人物

"动漫"是一个时尚新名词，很多人不知所云，其实通俗讲就是动画和漫画。作为造型艺术的一门分支，动漫一直深受世界各地人们的喜爱。本实例为动漫人物设计，通过采用清凉舒爽的蓝色背景、洒脱的文字以及人物飘逸的长发，来表现画面主人翁的活泼、自信和青春靓丽。

在制作过程中，主要运用了【钢笔工具】和【画笔工具】、【渐变工具】和【羽化】命令以及【外发光】图层样式等操作技巧。制作人物脸部是本实例的关键，而脸部中对眼睛的处理是重点。注意【羽化】命令和【加深工具】、【减淡工具】的结合使用，如图14-76所示。

图14-76 图像效果

1．绘制人物头部 >>>

STEP|01 按快捷键Ctrl+N打开【新建】对话框，新建一个1600×1200像素、分辨率为300的文件。

STEP|02 使用【钢笔工具】，绘制人物轮廓线，每绘制人物的一部分存储一次路径，绘制时要保持线条的流畅性，如图14-77所示。

图14-77　人物轮廓线

STEP|03 新建图层1，将前景色设置为#caeffe，按快捷键Alt+Delete，使用前景色填充图层，如图14-78所示。

图14-78　填充图层

STEP|04 在新建图层中，分别将绘制的路径转换为选区，填充颜色，制作出人物的大体色块，如图14-79所示。

图14-79　填充颜色

STEP|05 新建"帽子明暗"图层，载入"帽子"图层选区，并将选区羽化5个像素，使用不透明度为30%的画笔，绘制出帽子的明暗关系，如图14-80所示。

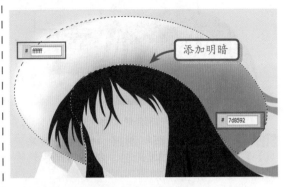

图14-80　绘制明暗

STEP|06 使用上述方法，绘制出帽子后方飘带的明暗关系，如图14-81所示。

图14-81　飘带明暗

> **提示**
>
> 使用【画笔工具】、【减淡工具】和【加深工具】绘制明暗时，要在选项栏中把不透明度调得小一点，这样绘制出的明暗关系过渡比较柔和。

STEP|07 选择"帽子飘带"图层，为其添加【外发光】图层样式，设置【外发光】参数，如图14-82所示。

图14-82　外发光

STEP|08 使用【钢笔工具】✐绘制人物眉毛和眼皮路径，然后将路径转换为选区，分别填充黑色和土黄色（#b98f6d），如图14-83所示。

图14-83 绘制人物

STEP|09 新建"眼眶"图层，使用【钢笔工具】✐，绘制人物眼眶路径，然后将路径转换为选区并填充黑色，如图14-84所示。

图14-84 绘制人物

STEP|10 使用深蓝色（#372b6b）填充眼眶内部，然后使用【减淡工具】◕和【加深工具】◔，绘制出眼睛的明暗关系，如图14-85所示。

图14-85 绘制眼睛明暗

STEP|11 运用上述方法，为人物添加眼白，并绘制出眼白的明暗关系，如图14-86所示。

图14-86 绘制眼白明暗

STEP|12 绘制眼球内高光选区并填充颜色为#7e6ebf，然后将前景色设为白色，使用【画笔工具】✐绘制出高光，如图14-87所示。

图14-87 绘制高光

STEP|13 使用【椭圆选框工具】◯，结合Shift键绘制选区，将选区羽化0.5个像素，填充白色，如图14-88所示。

图14-88 填充白色

STEP|14 使用【钢笔工具】✐绘制人物的鼻子和嘴巴路径，选择【画笔工具】✐，设置笔尖大小为4像素，硬度为100%，使用画笔描边路径，如图14-89所示。

图14-89 绘制图像

STEP|15 将前景色设为#e69984，使用【画笔工具】✐、【减淡工具】◕和【加深工具】◔，绘制出人物脸部及皮肤的明暗关系，如图14-90所示。

图14-90 绘制明暗

STEP|16 使用【钢笔工具】 ✐ 绘制头发重色路径，然后将路径转换为选区并填充颜色 #0a090e，如图14-91所示。

图14-91 绘制头发重色

STEP|17 将前景色设为 #9f78c3，使用【画笔工具】 ✐，设置不透明度为8%，绘制出头发的光泽，如图14-92所示。

图14-92 绘制头发光泽

STEP|18 使用【钢笔工具】 ✐ 绘制头发末端颜色变化的路径，然后将路径转换为选区并分别填充颜色，如图14-93所示。

图14-93 绘制图像

STEP|19 绘制头发高光路径并将路径转换为选区，然后将选区羽化3个像素，填充白色，如图14-94所示。

图14-94 选区羽化

2. 绘制人物衣服 ▶▶▶▶

STEP|01 使用【钢笔工具】 ✐ 绘制领结重色路径，然后将路径转换为选区并填充颜色 #252a30，如图14-95所示。

图14-95 绘制领结

STEP|02 绘制领结亮部路径，并将路径转换为选区，然后，将选区羽化10个像素，填充颜色#748caa，如图14-96所示。

图14-96 填充颜色

STEP|03 使用【多边形套索工具】，结合Shift键，绘制黑色衣服褶皱处选区，填充颜色#0eof12，如图14-97所示。

添加重色

图14-97 绘制褶皱

STEP|04 使用【多边形套索工具】绘制黑衣亮部选区，并将选区羽化20个像素，填充颜色#748caa，如图14-98所示。

添加亮色

图14-98 填充颜色

STEP|05 使用上述方法，为白色衣服添加明暗效果，如图14-99所示。

白衣明暗

图14-99 添加明暗

3. 添加背景 ▶▶▶▶

STEP|01 选择图层1，全选画面删除画面的底色，然后使用【渐变工具】创建一个从上到下的线性渐变，如图14-100所示。

填充渐变

029aff   81d4ff   e9f9f9

图14-100 线性渐变

STEP|02 使用【画笔工具】，设置不透明度为10%、笔尖硬度为0%，绘制云彩效果，如图14-101所示。

绘制云彩

图14-101 绘制云彩效果

提示

使用【画笔工具】 ✐ 绘制半透明的图像时，要在选项栏中把不透明度调得小一点，同时将画笔硬度设为 0%，这样绘制出的图形就与背景衔接柔和，且具有半透明效果。

STEP|03 使用【多边形套索工具】 ▽，结合 Shift 键，绘制 3 个选区，使用【渐变工具】 ▤ 创建一个线性渐变，如图 14-102 所示。

图14-102 线性渐变

STEP|04 新建"小鸟"图层，使用【钢笔工具】 ✐，绘制路径并将其转换为选区，然后将选区羽化 2 个像素填充白色，如图 14-103 所示。

图14-103 填充白色

STEP|05 在图层下方，添加文字。完成后的最终效果如图 14-104 所示。

图14-104 图像效果